0~2岁小公主毛衣视频教程集

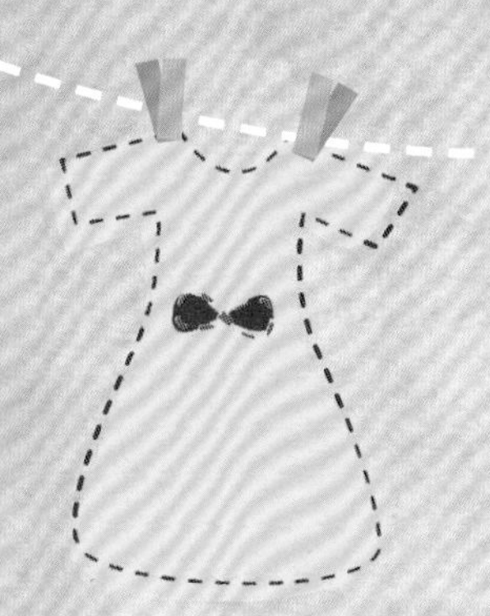

张 翠 依可爱 主编

中国纺织出版社

图书在版编目（CIP）数据

0~2岁小公主毛衣视频教程集 / 张翠，依可爱主编. —北京：中国纺织出版社，2016.12
（织美堂看视频织毛衣系列）
ISBN 978-7-5180-3028-6

Ⅰ. ①0… Ⅱ. ①张… ②依… Ⅲ. ① 童服 — 毛衣 — 编织 — 图集 Ⅳ. ①TS941.763.1-64

中国版本图书馆CIP数据核字（2016）第242160号

策划编辑：阮慧宁　　责任编辑：刘茸　　责任印制：储志伟

中国纺织出版社出版发行
地址：北京市朝阳区百子湾东里A407号楼　　邮政编码：100124
销售电话：010—67004422　传真：010—87155801
http://www.c—textilep.com
E-mail: faxing@c—textilep.com
中国纺织出版社天猫旗舰店
官方微博http://weibo.com/2119887771
中华商务联合印刷（广东）有限公司印刷　　　各地新华书店经销
2016年12月第1 版第1 次印刷
开本：889×1194　1/16　印张：6
字数：151千字　　定价：28.80元

目录 CONTENTS

起针数计算方法

我们先织个小样片，在小样片中 10cm × 10cm 的范围内数出有多少针多少行（编织密度），再结合自己想织的尺寸，就可以算出起针数了。

假设你所需要的衣服尺寸为
宽：20cm；长：30cm

我们测量的编织密度是
宽：10cm 有 17 针
长：10cm 有 28 行
那么你所要织的衣服的针数为
宽：20 × 1.7=34 针
长：30 × 2.8=84 行

1 先量一个 10cm 的宽度，数一下有多少针，示例有 17 针。

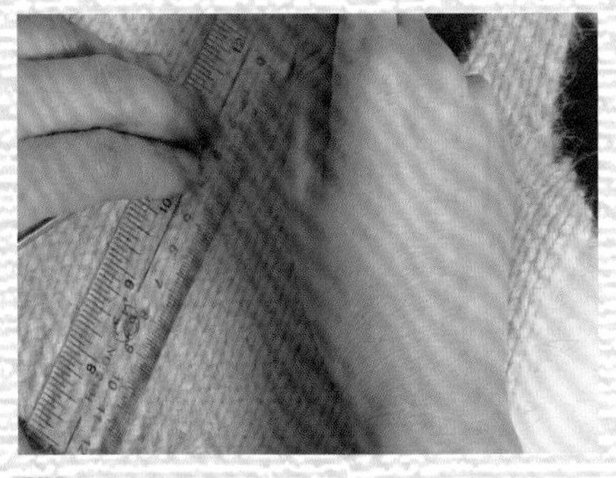

2 再量一个 10cm 的长度，数一下有多少行，示例有 28 行。

机器边起针法

1 需准备 2 根直针和 1 根环形针，直针的号数比环形针小 2 号。

2 用其中一根直针和环针如图所示绕线起针，绕线的圈数为要起针数的一半，即起 20 针就绕 10 圈。

3 绕好后拔出环形针留下软绳部分，开始正面织下针。

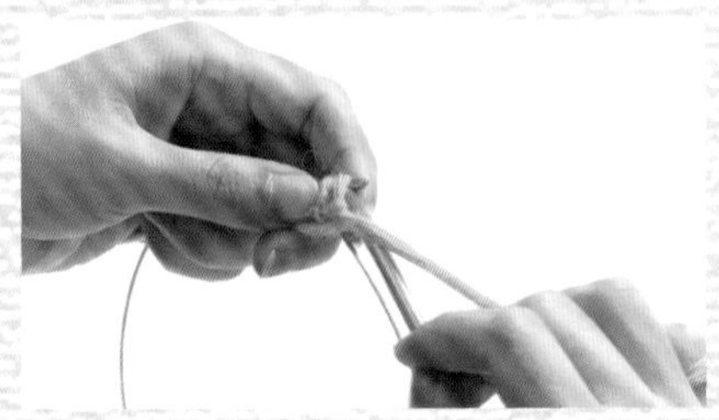

4 反面织上针。

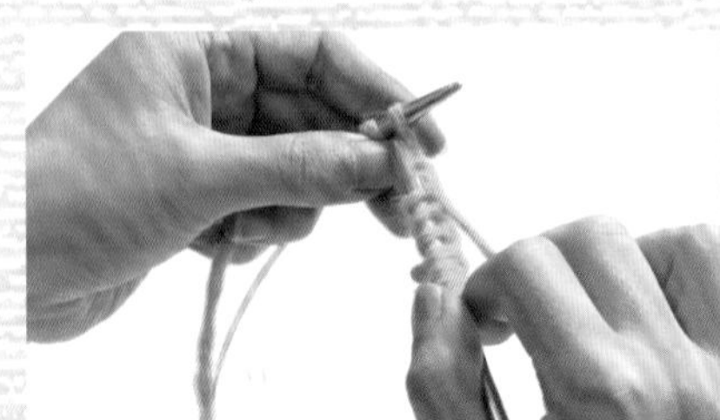

5 正面再织 1 行下针。

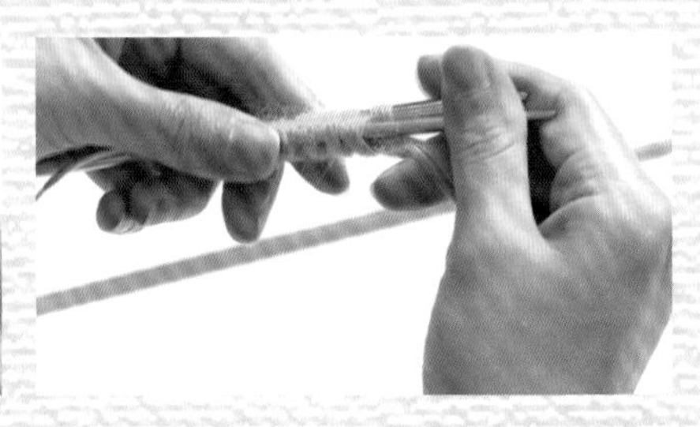

6 织好后，将环形针软绳上的线圈移到棒针上，如图所示开始挑针，要注意的是先挑直针上的再挑环形针上的。

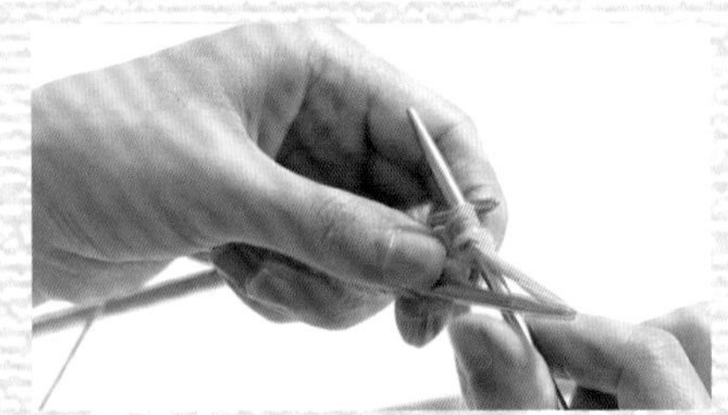

7 现在以双罗纹为例，先从直针上挑 2 针，再从环形针上挑 2 针。

8 机器边起针完成。

“扫一扫”
关注本作品全程视频教材
或在优酷网搜索“依可爱视频编织教程”进入自频道，点视频，输入作品名称。
01
时尚荷叶花边裙
制作方法：第49页

简约实用小披肩

制作方法：第50页

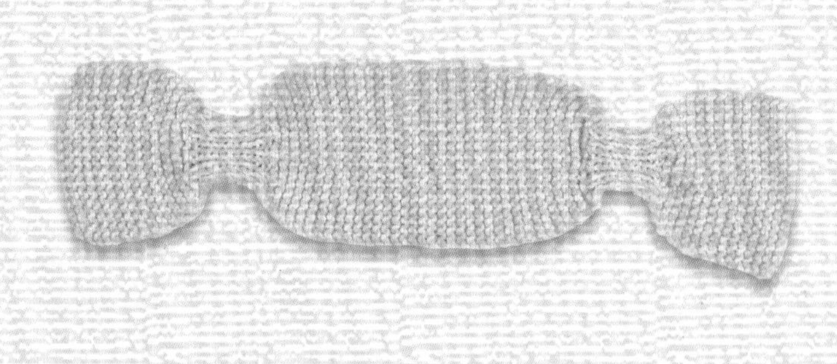

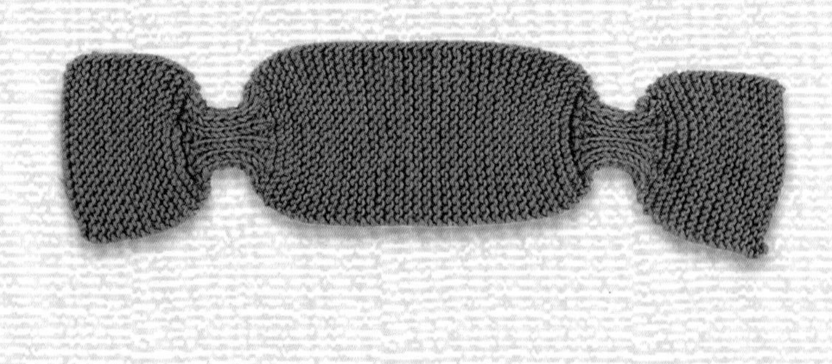

03

简洁平针小外套

制作方法：第50页

04

靓丽连帽斗篷

制作方法：第51页

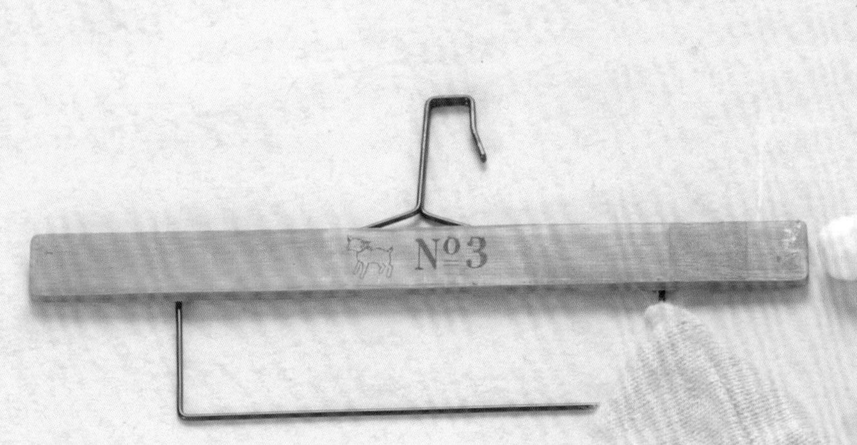

"扫一扫"
关注本作品全程视频教材
或在优酷网搜索"织美堂手工编织"进入自频道，点视频，输入作品名称。

"扫一扫"
关注本作品全程视频教材
或在优酷网搜索"织美堂手工编织"进入自频道，点视频，输入作品名称。

05

韩版多用披肩外套

制作方法：第52页

06

实用宝宝睡袋

制作方法：第53页

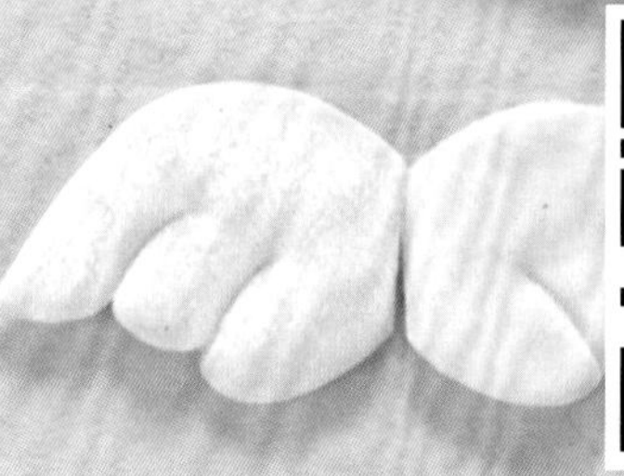

“扫一扫”
关注本作品全程视频教材
或在优酷网搜索“织美堂手工编织”进入自频道，点视频，输入作品名称。

07

百搭连帽披肩

制作方法：第54页

“扫一扫”
关注本作品全程视频教材
或在优酷网搜索“织美堂手工编织”进入自频道，点视频，输入作品名称。

时尚连帽斗篷

Cute bear knit hat

“扫一扫”
关注本作品全程视频教材
或在优酷网搜索“织美堂手工编织”进入自频道，点视频，输入作品名称。

09

红白条纹连身套装

制作方法：第55~57页

10

萌宝背带套装

制作方法：第57~58页

11

圆领短袖毛衣

制作方法：第59页

“扫一扫”
关注本作品全程视频教材
或在优酷网搜索“织美堂手工编织”进入自频道，点视频，输入作品名称。

12

实用婴儿小睡袋

制作方法：第59~60页

“扫一扫”
关注本作品全程视频教材
或在优酷网搜索“织美堂手工编织”进入自频道，点视频，输入作品名称。

13

小清新方领宝宝毛衣

制作方法：第61页

经典实用小外套

制作方法：第67页

"扫一扫"
关注本作品全程视频教材
或在优酷网搜索"织美堂手工编织"进入自频道，点视频，输入作品名称。

15

粉红娇嫩宝宝毛衣

制作方法：第62~63页

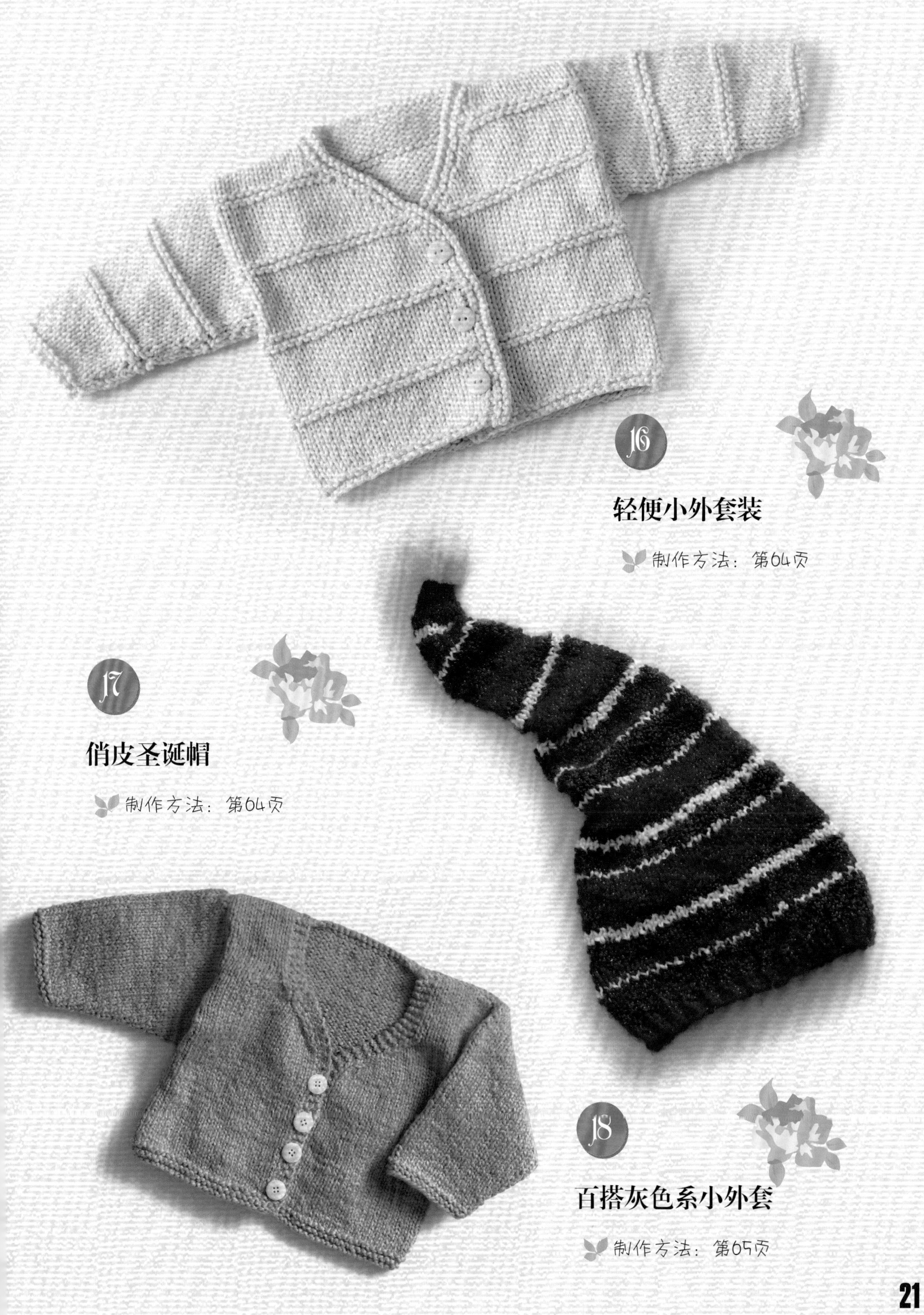

16

轻便小外套装

制作方法：第64页

17

俏皮圣诞帽

制作方法：第64页

18

百搭灰色系小外套

制作方法：第65页

“扫一扫”
关注本作品全程视频教材
或在优酷网搜索“织美堂手工编织”进入自频道，点视频，输入作品名称。

19

温暖高领打底毛衣

制作方法：第65~66页

20

宝宝时尚小披肩

制作方法：第67页

21

实用简洁公主裙

制作方法：第67页

22

时尚大红背心裙

制作方法：第68页

“扫　扫”
关注本作品全程视频教材
或在优酷网搜索“织美堂手工编织”进入自频道，点视频，输入作品名称。

23

气质蓝色公主裙

制作方法：第69页

24

系带修身公主裙

制作方法：第70页

"扫一扫"
关注本作品全程视频教材
或在优酷网搜索"织美堂手工编织"进入自频道，点视频，输入作品名称。

25

粉色小翻领公主裙

制作方法：第70~71页

26

一字领实用小外套

制作方法：第71~72页

Cute bear knit hat

27

实用打底套装毛衣

制作方法：第72~74页

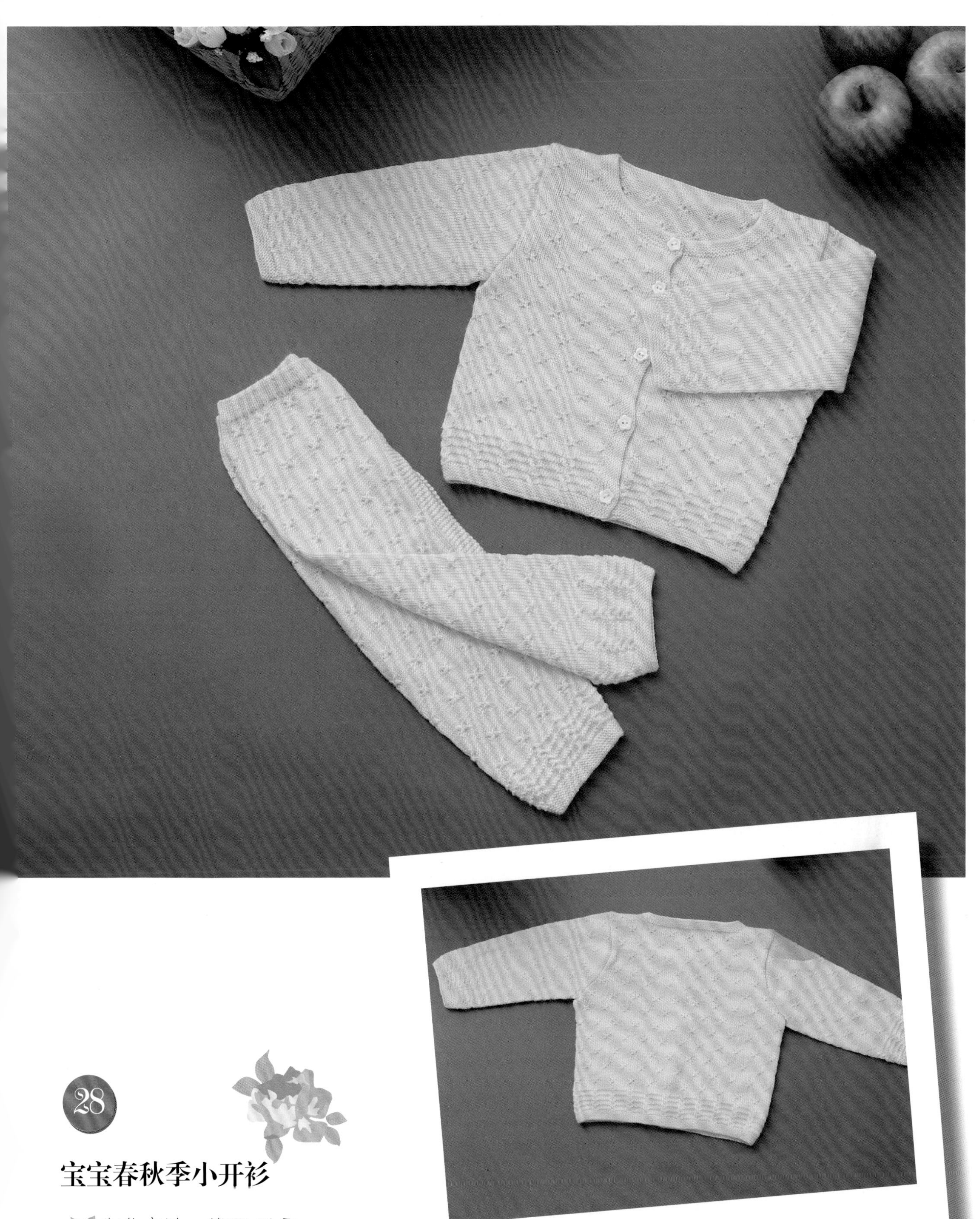

28

宝宝春秋季小开衫

制作方法：第75~76页

宝宝实用小物件

制作方法：第77页

30

猫头鹰图案套装毛衣

制作方法：第78~80页

“扫一扫”
关注本作品全程视频教材
或在优酷网搜索“织美堂手工编织”进入自频道，点视频，输入作品名称。

“扫一扫”
关注本作品全程视频教材
或在优酷网搜索“织美堂手工编织”进入自频道，点视频，输入作品名称。

荷叶花边套头毛衣

制作方法：第82~83页

"扫一扫"
关注本作品全程视频教材
或在优酷网搜索"织美堂手工编织"进入自频道，点视频，输入作品名称。

33

气质外穿小外套

制作方法：第83~84页

34

粉色淑女小外套

制作方法：第84~85页

"扫一扫"
关注本作品全程视频教材
或在优酷网搜索"织美堂手工编织"进入自频道，点视频，输入作品名称。

35

婴儿必备织物套件1

制作方法：第85~86页

36

婴儿必备织物套件2

制作方法：第86~87页

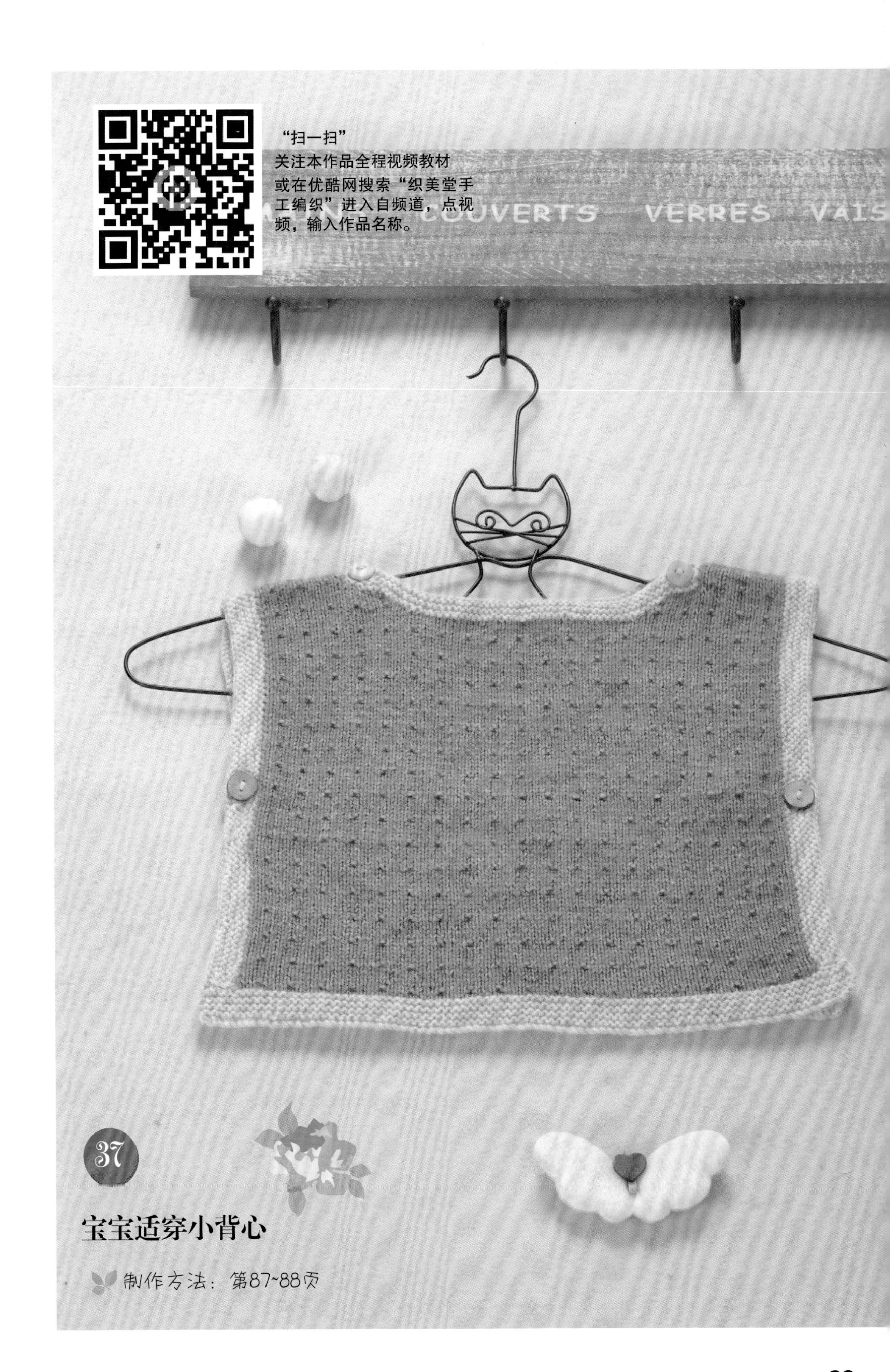

"扫一扫"
关注本作品全程视频教材
或在优酷网搜索"织美堂手工编织"进入自频道，点视频，输入作品名称。

37

宝宝适穿小背心

制作方法：第87~88页

38

小公主百搭小外套

制作方法：第88页

39

粉色公主小外套

制作方法：第89页

“扫一扫”
关注本作品全程视频教材
或在优酷网搜索“织美堂手工编织”进入自频道，点视频，输入作品名称。

经典时尚宝宝裙

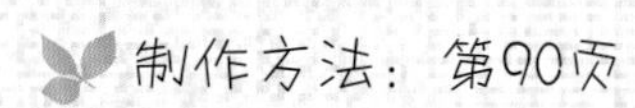

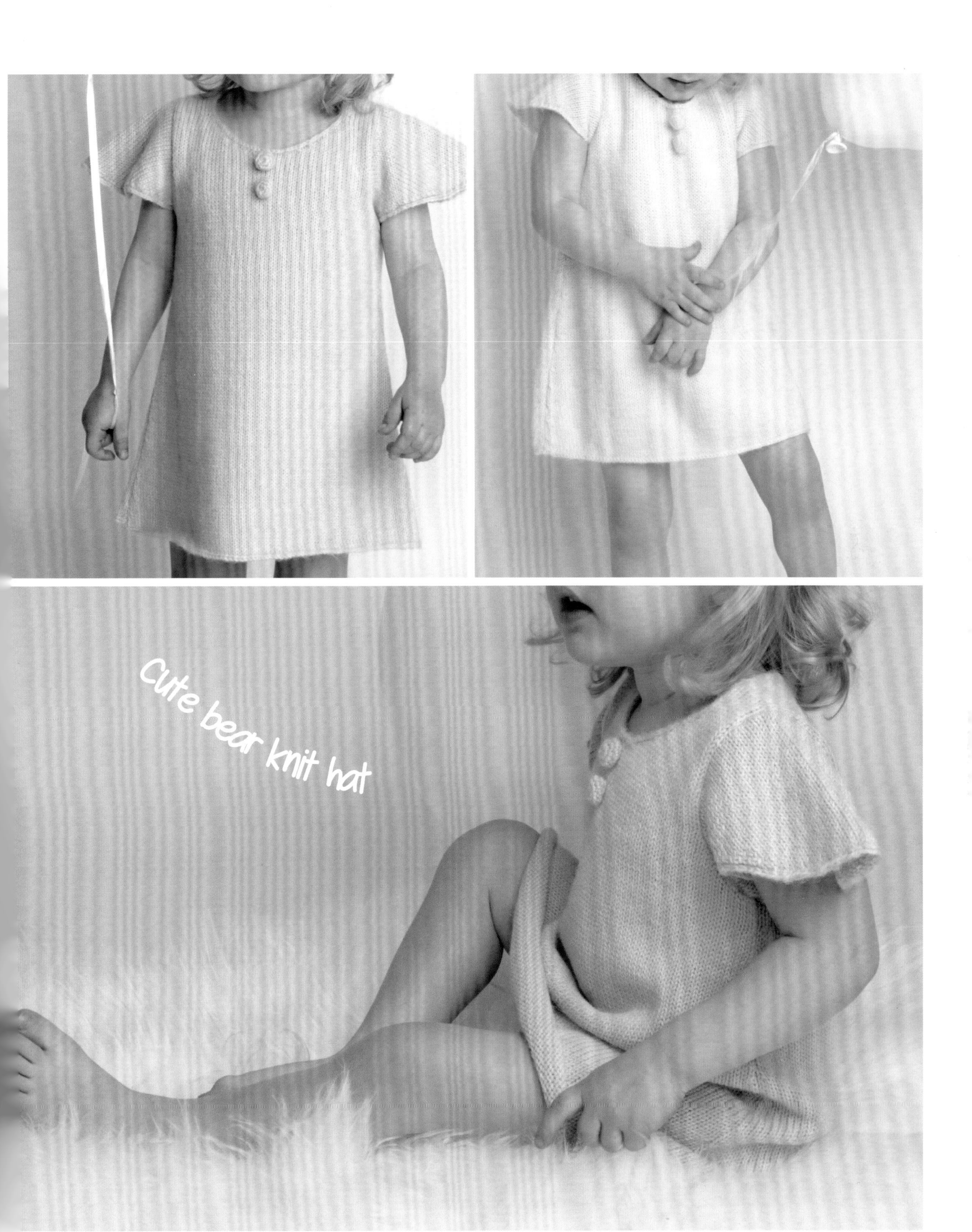
Cute bear knit hat

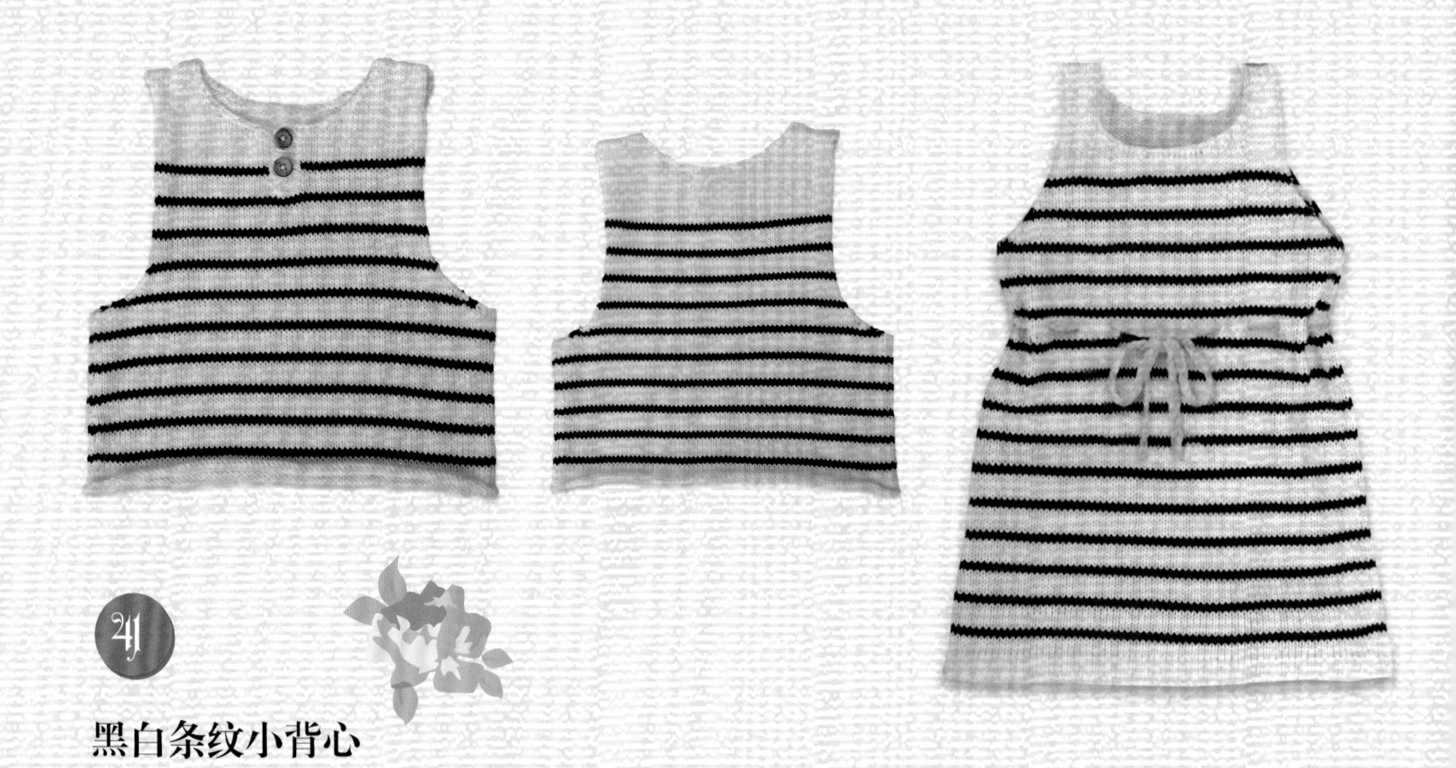

41

黑白条纹小背心

制作方法：第91页

42

黄色镂空小外套

制作方法：第92页

43

宝贝插肩小外套

制作方法：第93页

"扫一扫"
关注本作品全程视频教材
或在优酷网搜索"依可爱视频编织教程"进入自频道，点视频，输入作品名称。

44

套头小蝙蝠装

制作方法：第94页

“扫一扫”
关注本作品全程视频教材
或在优酷网搜索“依可爱视频编织教程”进入自频道，点视频，输入作品名称。

45

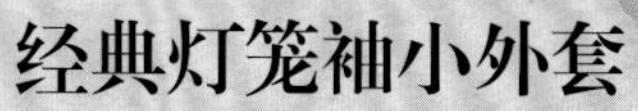

制作方法：第95页

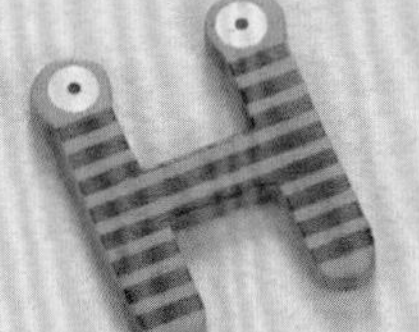

46

时尚简约配色毛衣

制作方法：第96页

作品01

【成品规格】衣长54cm，胸围50cm

【编织密度】45针×30行=10cm×10cm

【工　　具】10号棒针

【材　　料】红色毛线300g

【编织要点】

1.后片：起114针织花样C，织60行后开始织挂肩，腋下各先加8针，作为袖口的边缘，织起伏针，往下减针在起伏的针内侧进行，先2行各减1针，然后每4行减2针减8次，织40行开始织后领窝，中心42针平收，两按图示在领边缘减针，肩用引退针法织斜肩。

2.前片：起针及织法同后片。开挂肩织24行开始织领窝，中心平收24针，分左右片织并在领口减针，肩织引退针。

3.裙：起344针织花样A，每18针1组2针边针。织60行后开始将每个花样的18针叠成3层，每6针一层并织，形成皱褶，最后116针织花样B，即织起伏22行后织平针4行平收。

4.领：缝合前后片及裙摆。将裙摆上面的平针形成的自然卷缝合在外面。然后挑针织领：沿领口挑132针，织起伏针10行，平收完成。

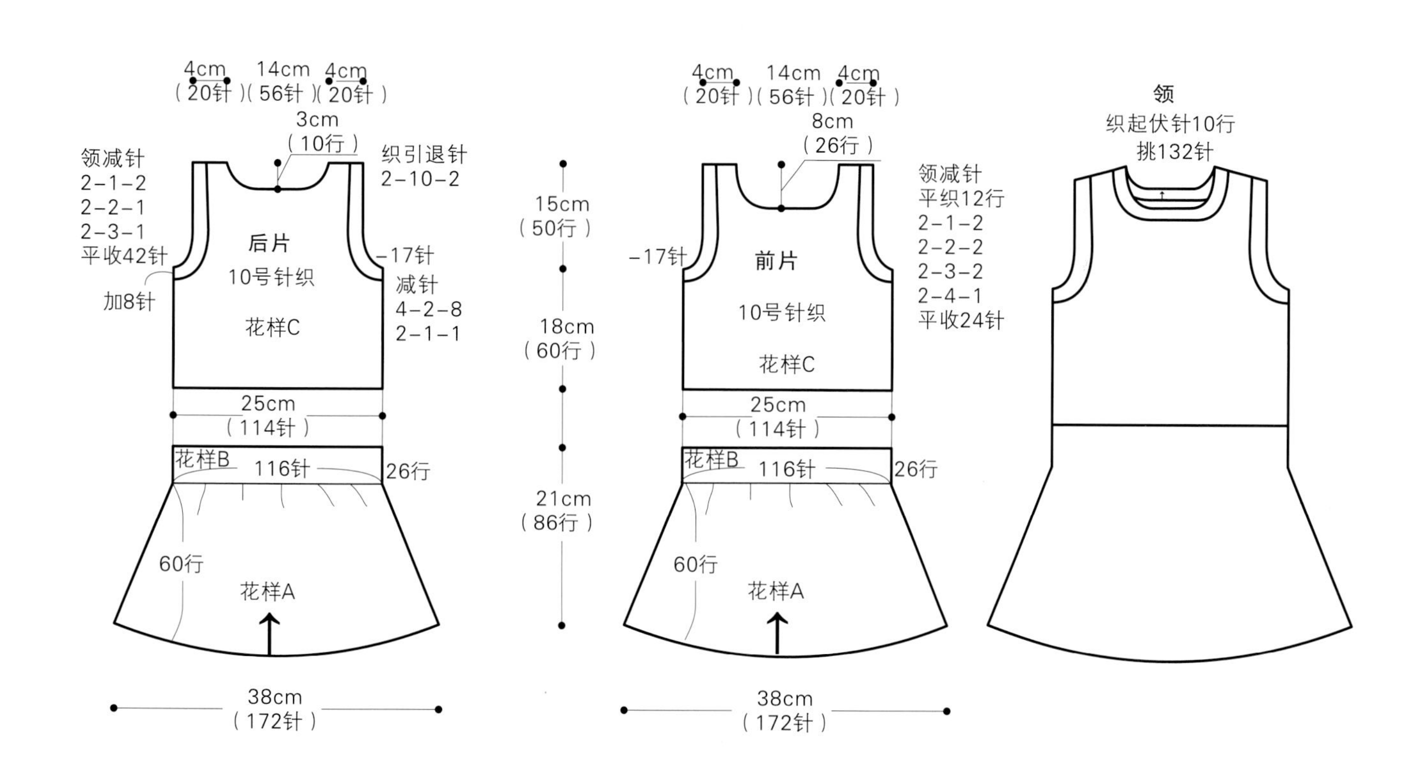

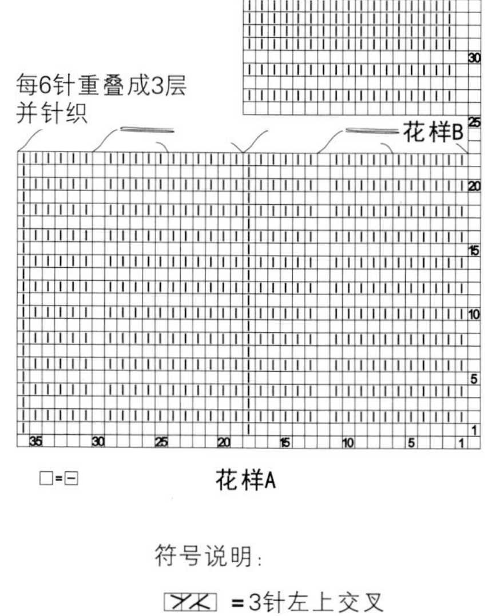

花样A

符号说明：

=3针左上交叉

=4针左上交叉

=5针右上交叉

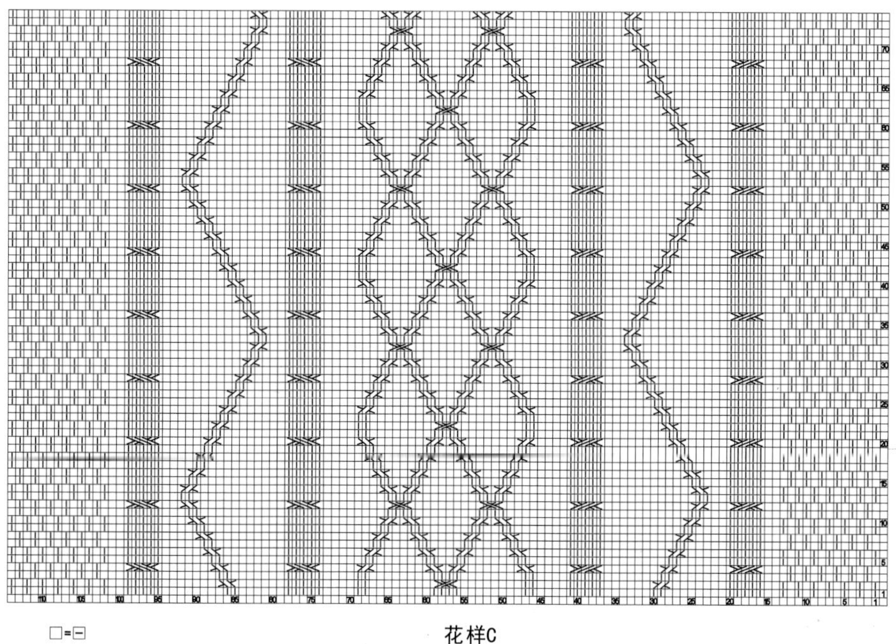

花样C

作品02

【成品规格】见图

【编织密度】13针×25行=10cm×10cm

【工　　具】6号棒针

【材　　料】毛线100g

【编织要点】

1.起20针织起伏针30行。

2.织1行单罗纹，然后将上针和下针分别穿在两根针上，各织10行单罗纹。再合起来织1行单罗纹回到一根针上。

3.继续织起伏针70行。织1行单罗纹分别将上针和下针穿在两根针上重复上1次。最后织30行起伏针，完成。

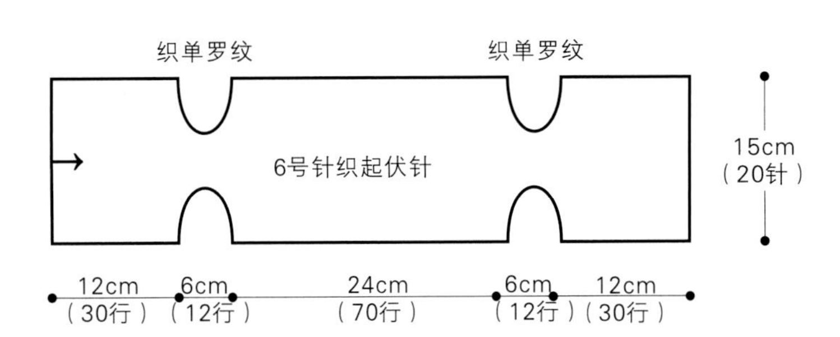

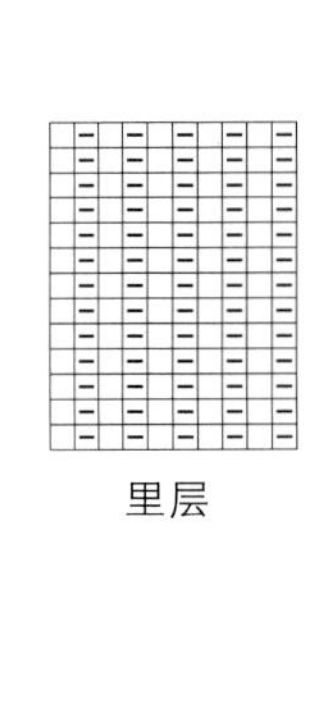

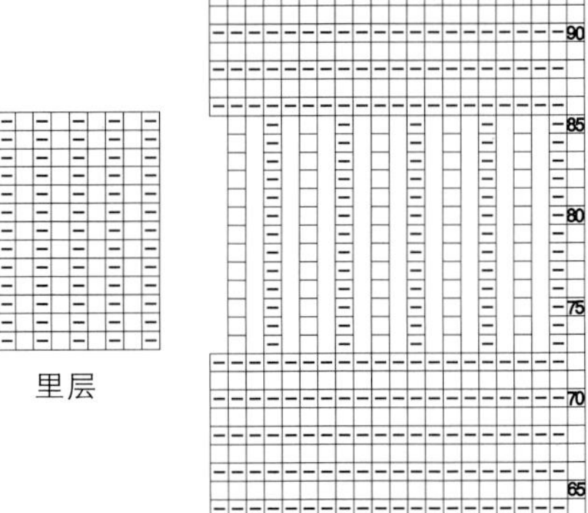

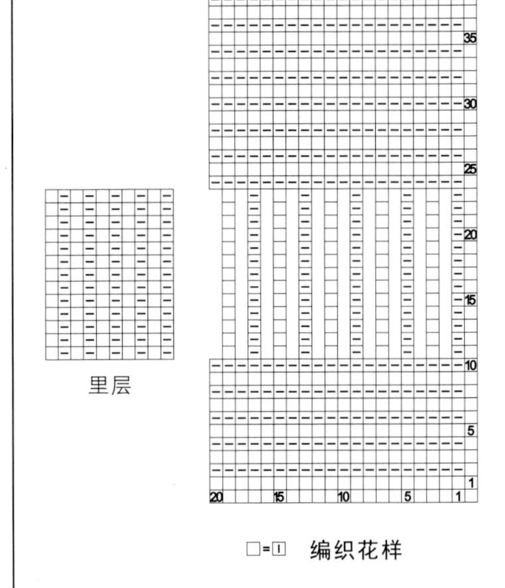

作品03

【成品规格】衣长30cm，胸围60cm，袖长30cm

【编织密度】17针×22行=10cm×10cm

【工　　具】8号棒针

【材　　料】毛线350g，纽扣4颗

【编织要点】

1.后片：起52针织起伏针，织36行后开挂肩，每2行减1针减4次，织26行后肩织引退针成斜肩，领窝针平收。

2.前片：起26针织起伏针，织法同后片，其中一片开4个扣眼。挂肩织18行后开始织领窝，先平收4针，再每2行减1针减6次，成小V领。肩同后片。

3.袖：起8针，两边每2行各加4针，加至40针后开始织袖筒，每6行在两边各减1针，最后平织22行收针。

4.口袋：起10针织起伏针16行织2块，缝合在前片。最后缝合纽扣，完成。

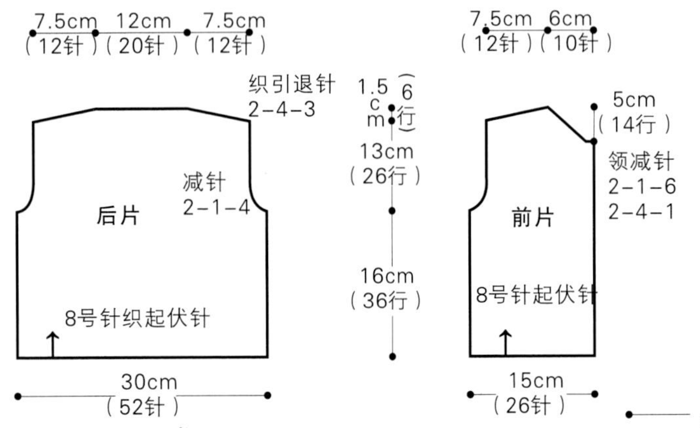

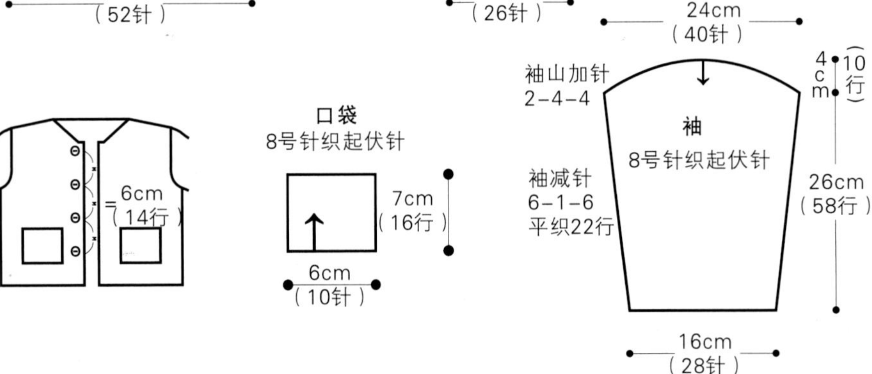

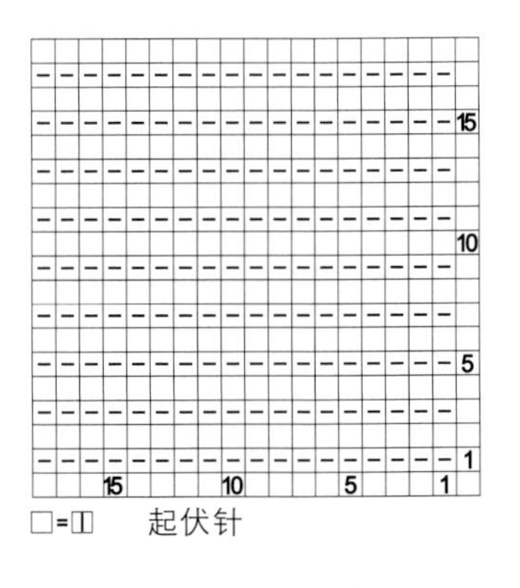

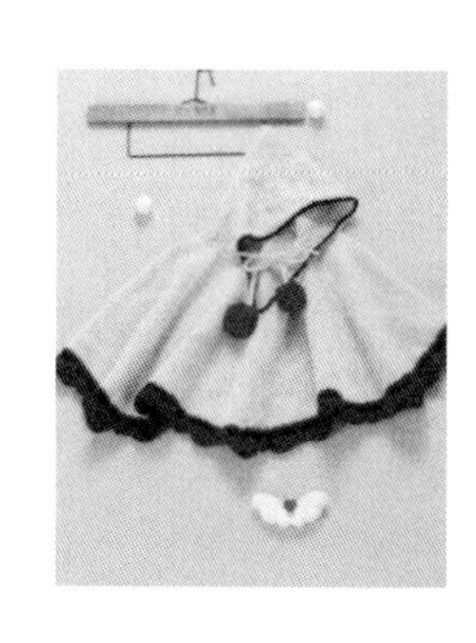

作品04

【成品规格】 衣长34cm

【工　　具】 三燕牌9，10号棒针

【编织密度】 32针×44行=10cm×10cm

【材　　料】 织美堂米色细羊绒线220g，粉红、红色、深红各20g，咖啡色少许

【编织要点】

1.棒针编织法。从领口起织，往下织，先片织，再圈织。再用钩针钩边。用环针编织。

2.起织。下针起针法，起112针，来回编织。平织4行后，分片共4处加针。每一处在2针的两边加针。从右往左，分片，第1部分，左前片织17针，接着织左袖片22针，后片左边织17针，后片右边织17针，右袖片织22针，最后织右前片17针，每一片都在两边的1针上进行加针编织，每处加针方法相同，2-1-23、4-1-10，平织4行。当来回编织够26行，即加了13针时，将片织改成圈织。当4-1-10加完第9次后，换色编织，先用粉红色织2行，再用红色织2行，再用深红织2行，最后是咖啡色织2行，结束，收针断线。最后针数共416针。用钩针，用红色线，依照花样A沿边钩织一圈花样。

3.帽子的编织。沿着衣领边，挑100针，起织花样B，平织10行。下一行起织下针，正面下针，反面织上针。在中间的2针上分别加针，8-1-4、6-1-4，平织4行后，结束，中间对折缝合。在花样B的孔内穿过系带。系带用钩针钩织75cm长的带子。再用咖啡色线，沿着帽沿和前开襟边，钩织1圈短针锁边。披肩完成。

符号说明：

⊟　上针

□=⊡　下针

2-1-3　行-针-次

↑　编织方向

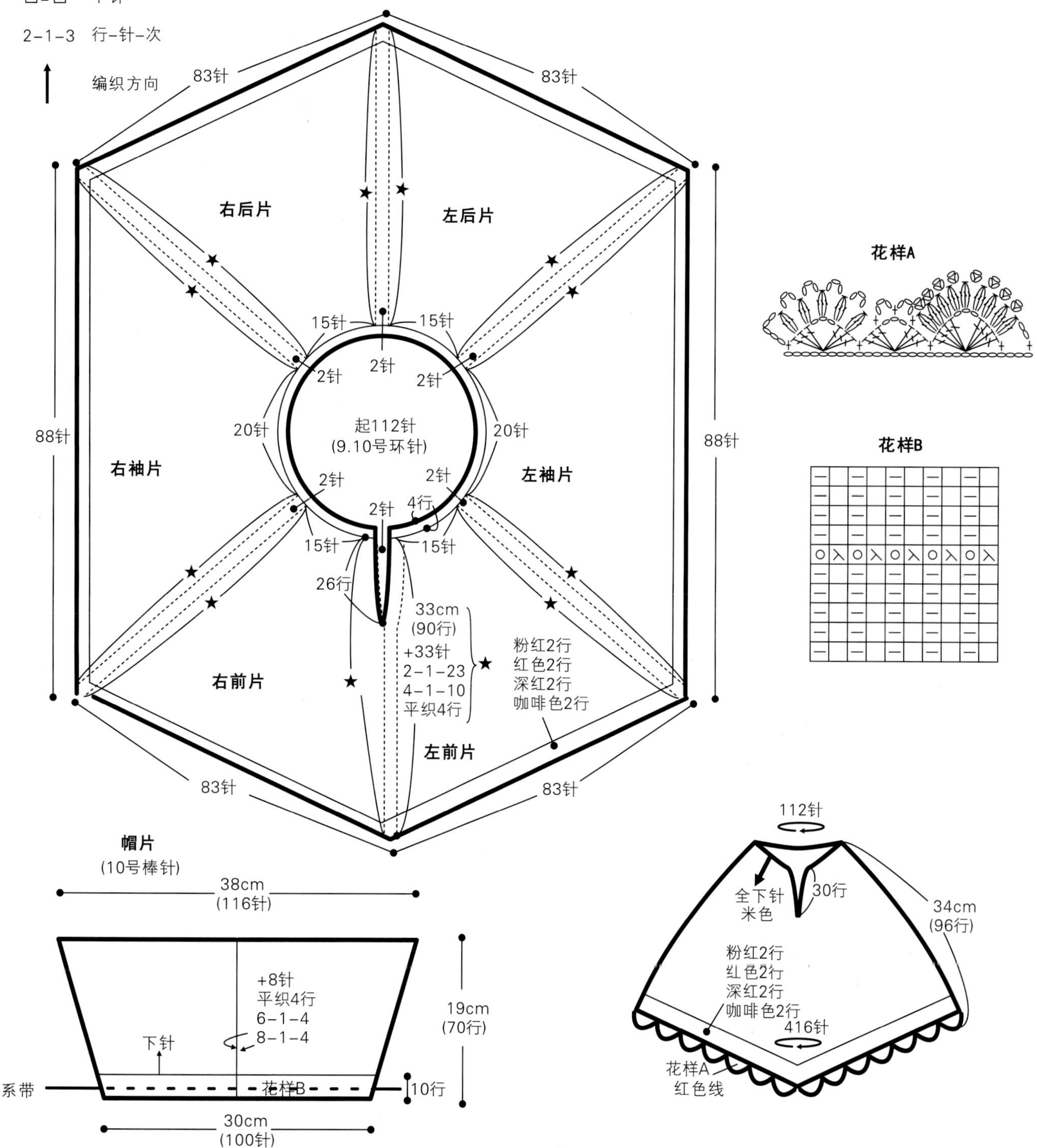

作品05

【成品规格】衣长25cm，胸宽31cm，无袖

【工　　具】三燕牌11号棒针

【编织密度】28针×40行=10cm×10cm

【材　　料】织美堂米色细羊绒线2团共100g

【编织要点】

1.棒针编织法。从一侧衣襟起织，至另一侧衣襟结束。

2.起织，下针起针法，起70针，起织花样A，不加减针，织10行后，两边各留8针继续编织花样A，中间54针改编织花样B。照此花样分配，不加减针，织60行后。开始袖窿。在54针花样B中间，选出16针收针，两边分为两片各自编织，袖窿减针，2-3-1、4-2-2，各减少7针，织成10行高，然后改成加针，方法对称，4-2-2、2-3-1，各加7针，中间再起16针连成片，花样B总针数又回归54针。所有针数共70针，不加减针，织36×2=72行后，再次减袖窿。织法与前一个袖窿相同。袖窿的总行数占20行。然后再将70针织60行的高度。最后将所有的花样全织花样A，织10行后收针断线。分别沿着袖窿边，挑66针，起织花样A，织4行的高度后，收针断线.披肩完成。

3.帽子的编织。单独编织再缝合。从下往帽顶织。下针起针法，起64针，两边各留4针织花样A，中间分28针为一组花样，织对称性的花样B。在中心的2针上进行加针编织。8-1-5、6-1-5。织成70行后，针数加成84针，以中心为对称对折，将帽顶对折缝合。再将起针处，与披肩的长边的中心缝合。

4.起花样A，起8针，织100行后收针，缝合在内衣领襟上，用钩针，用6股线，钩织一段65cm长的辫子系带。穿过帽内衬的管内。披肩完成。

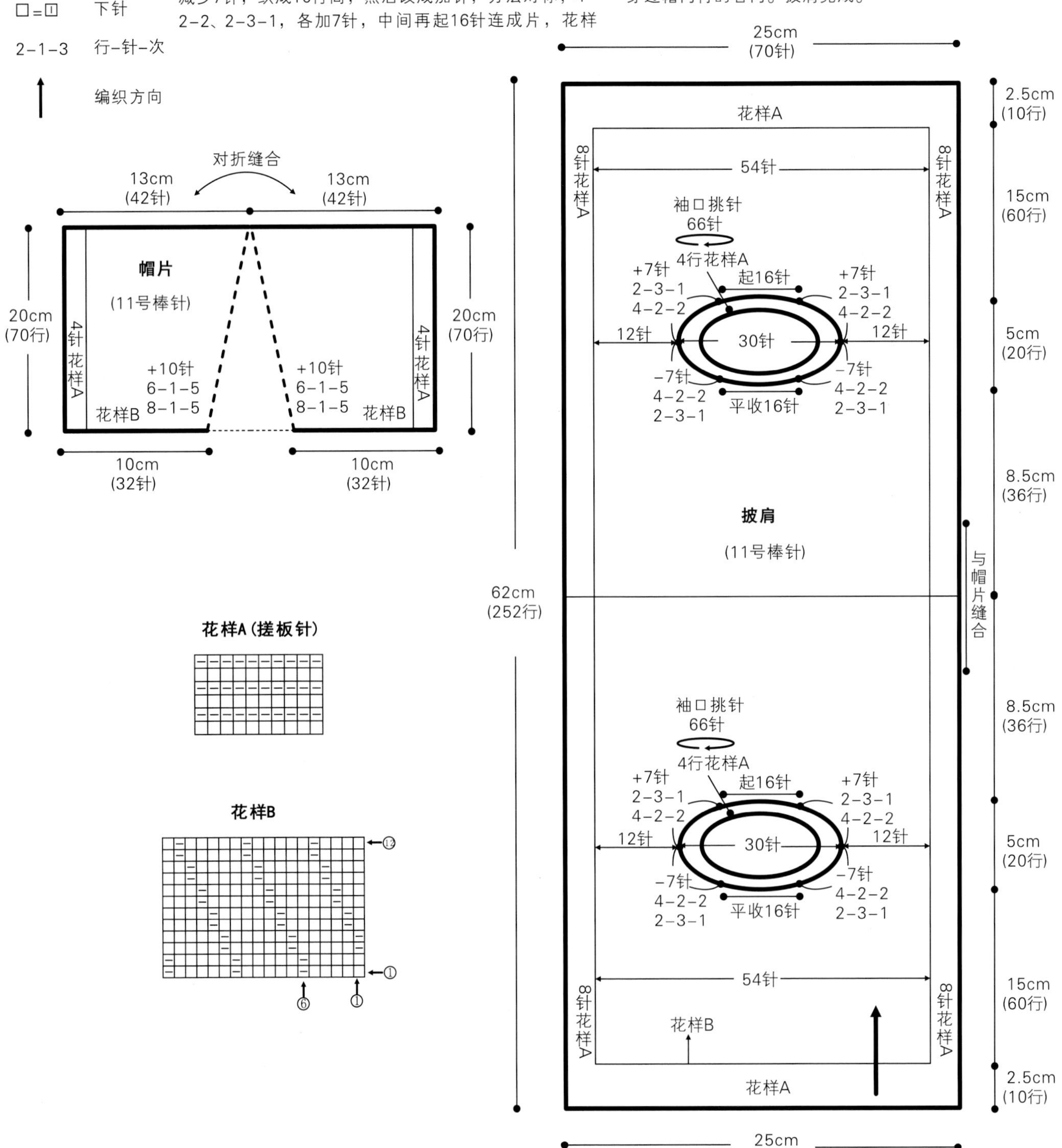

符号说明：

符号	说明
⊟	上针
□=⊡	下针
2-1-3	行-针-次
↑	编织方向

作品06

【成品规格】 衣长50cm，衣宽30cm，袖长23cm

【工　　具】 三燕牌11号棒针

【编织密度】 29针×40行=10cm×10cm

【材　　料】 织美堂米色细羊绒线8团共400g

【编织要点】

1.棒针编织法。从下摆起织，分为前后片、袖片和帽片编织。

2.前片的编织。从下摆起织，起88针，起织花样A搓板针，不加减针，织10行，下一行分配花样，两边各34针织下针，中间20针织搓板针。平织66行后，开始分片，分为左前片和右前片，中间的20针搓板针为重叠部分，先织右前片，把34针下针和20针花样A分出编织。平织76行后至袖窿减针，袖窿收针4针，然后4-2-4，减少12针，当织成袖窿算起30针的高度时，下一行收衣领，平收12针后，2-3-2、2-2-2、4-1-2，平织4行后，开始减斜肩，分5针、6针、7针引退编织。肩部余下18针，收针断线。左前片在开始分片的地方，将左边34针挑出，再在20针花样A的前面挑织20针，共54针，往上编织方法与左前片相同。

3.后片的编织。下针起针法，起88针，起织花样A，平织10行，下一行起全织下针，平织142行后至袖窿，袖窿减针与前片相同，当织成袖窿算起50行时，开始减斜肩，再织2行后减后衣领，中间平收24针，两边减针，2-1-2，最后肩部余下18针，收针断线。

4.袖片的编织。从袖口起织，起56针，起织花样A，平织30行后，全改织下针，并在袖侧缝上加针，4-1-10，再平织6行后，加成76针，下一行两边袖山减针，各收针4针，然后4-2-1、2-2-1、4-2-4、2-3-2，2-4-1，织成28行后，余下24针，收针断线。相同的方法去编织另一个袖片。完成后将前后片的肩部和侧缝对应缝合，再将袖片对应缝合。

5.帽片的编织。从缝合后的衣领边挑出120针，两边花样A继续编织，织20针，中间80针下针，从两边引退收针，每8针收1针，收掉10针，针数减少为70针下针，下一行起从中间2针上进行加针，10-1-6加成122针帽片，从中间对折缝合。最后在前片开襟处，钉上扣子。衣服完成。

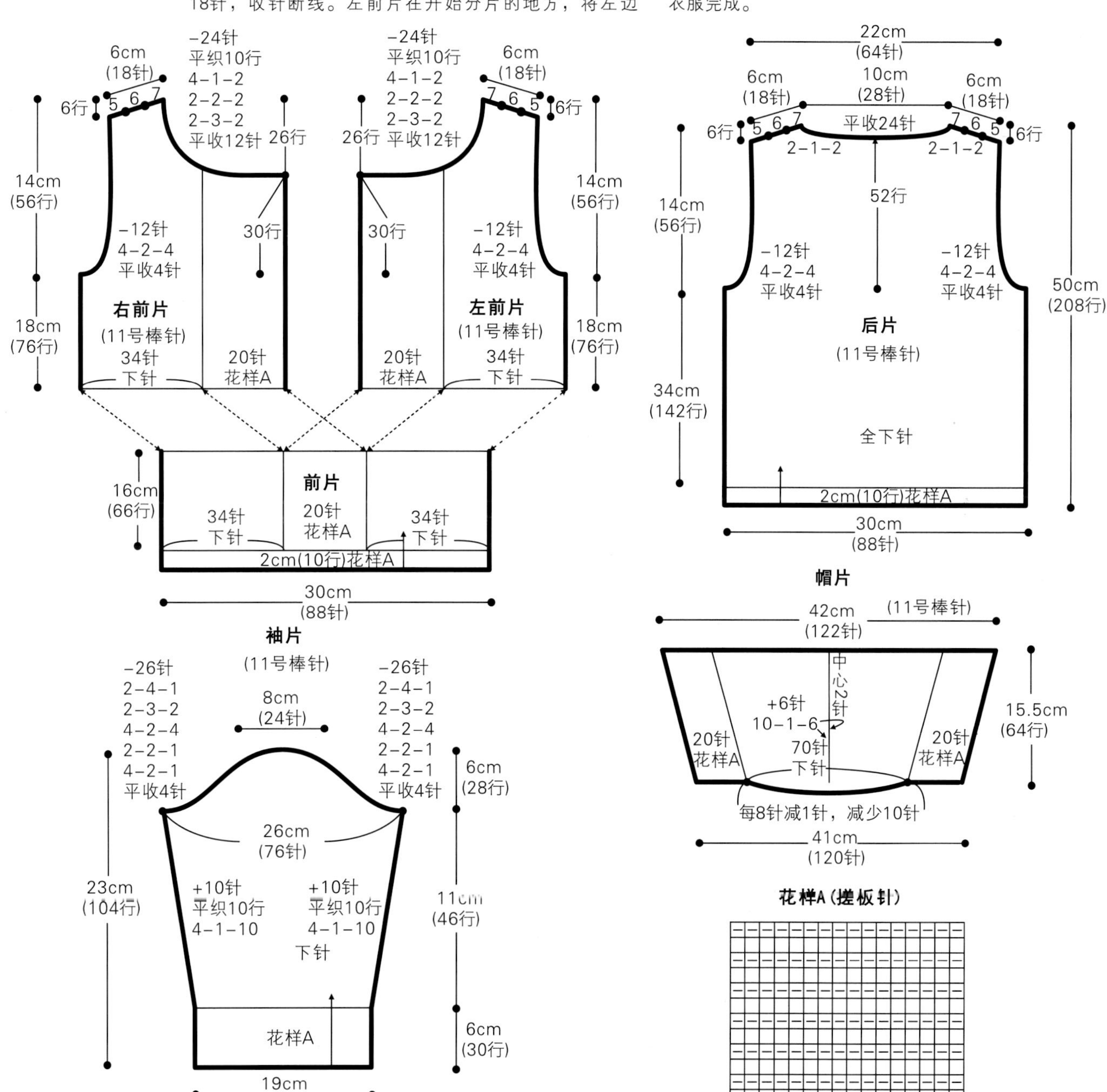

作品07

【成品规格】 衣长31cm，胸宽20cm

【工　　具】 三燕牌11号棒针

【编织密度】 30针×40行=10cm×10cm

【材　　料】 织美堂灰色细羊绒线4团共200g，深灰色线10g，白色线10g

符号说明：

- ⊟ 上针
- □=⊡ 下针
- 2-1-3 行-针-次
- ↑ 编织方向

【编织要点】

1.棒针编织法。从下摆起织，分前片、后片和帽片各自编织。

2.前片的编织。下针起针法，起130针，来回编织，正面全织下针，返回织上针。平织11行后，将织片分为两半各65针，在第65和第66针上进行并针编织，4-1-16。当从第1行算起，织成31行时，下一行依照花样A配色编织。织33行，中间仍然要减针，33行以后，全用灰色线织，织11行后，织片中间6针改织花样B搓板针，织片分为左右两半各自编织。先织右边，中间6针织搓板针，在花样B与下针之间的1针上减针，4-1-7平织2行后。减前衣领边。从右往左，平收6针，然后减针，2-4-2、2-2-4、2-1-1、1-2-1。而前片侧缝，在平织95行后，在第96行起，依照花样C进行减针，最后与衣领减针一起，织至结束余下1针，收针。而左片。在中间6针搓板针的内侧，挑出6针起织花样B，往上减针与右片相同。衣领减针也相同。侧缝减针相同。在右片开襟的花样B上，制作两个扣眼。对应的另一片开襟，钉上扣子。

3.后片的编织。起针与配色编织与前片相同。后片无开襟，中间减针，4-1-23后，8-1-2，平织1行后，两侧缝减针，与前片相同，两边各减20针后，与织片中间减针同步进行，最后余下40针，收针断线。完成后，将两边侧缝前后对应缝合。

4.帽片的编织。下针起针法，起120针，灰色线起针，织20行后，依照花样D配色编织，平织14行后，再换灰色线平织20行下针，最后从两侧起减针，1-10-2、2-8-4，最后两边同时平收8针，以结构图中帽后中心对称对折，将帽顶缝合。将起针行的边，与披肩的前后衣领边对应缝合。披肩完成。

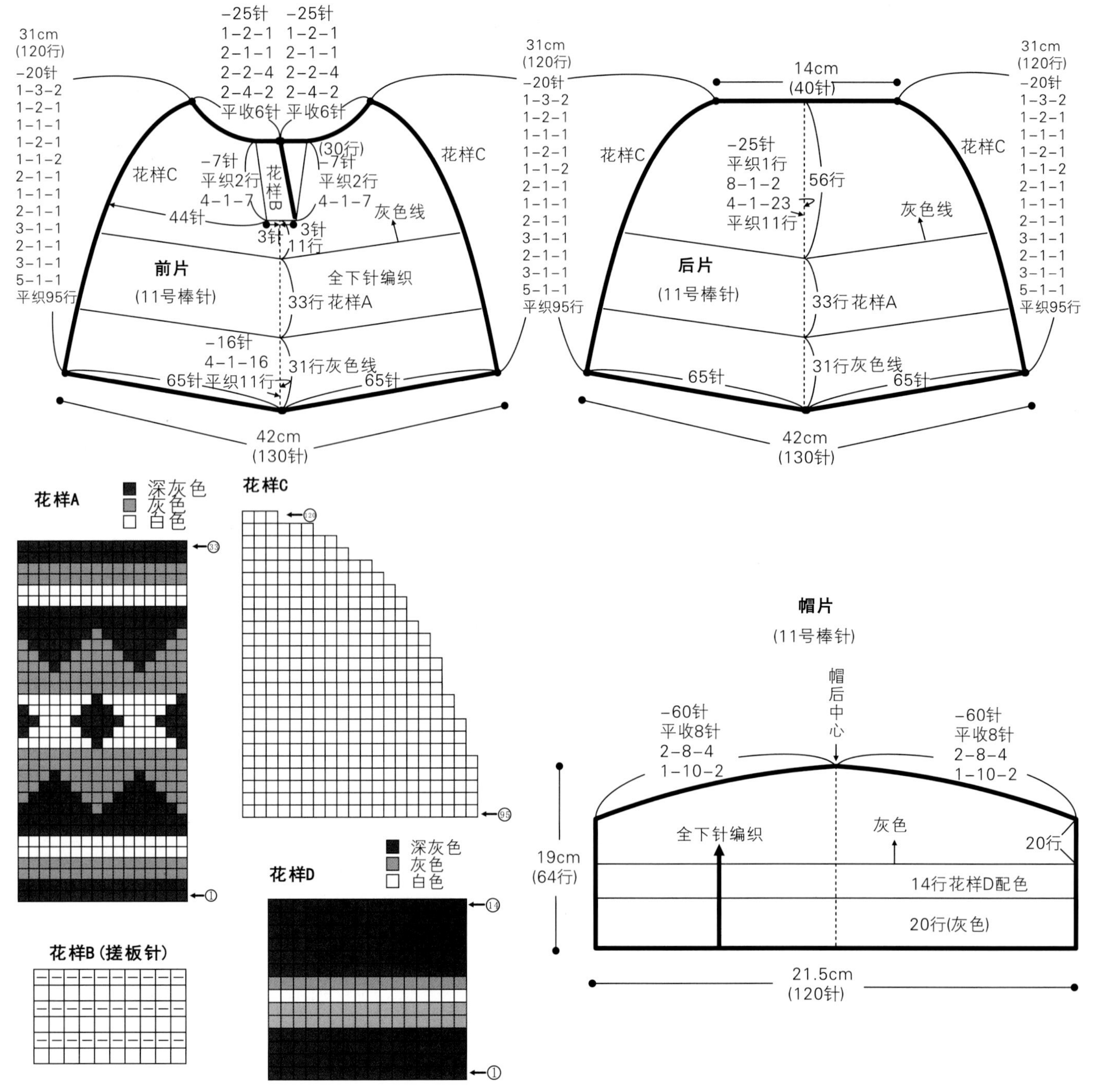

作品08

【成品规格】衣长30cm，胸围60cm

【编织密度】17针×30行=10cm×10cm

【工　　具】8号棒针

【材　　料】毛线350g，纽扣4颗

【编织要点】

1.后片：起50针织起伏针，58行开始减针，两侧每4行减1针减6次，3行减1针减2次，2行减3针减2次，最后18针平收。

2.前片：织法同后片。减针织到28行开始织领窝。先平收中心的10针，分左右片织并在领边缘减针，直到完成。

3.缝合：整个衣服均分成3份，上下各三分之一处缝合，中间是袖窿。

4.帽：起出帽的长度的2倍织起伏针，织够帽的深度平收。将帽对折缝合成后中心线。另一侧沿领窝缝合。帽顶用别色线打流苏装饰。

5.另起10针织起8行2块小长方形，固定在前领口，分别钉2个纽扣。完成。

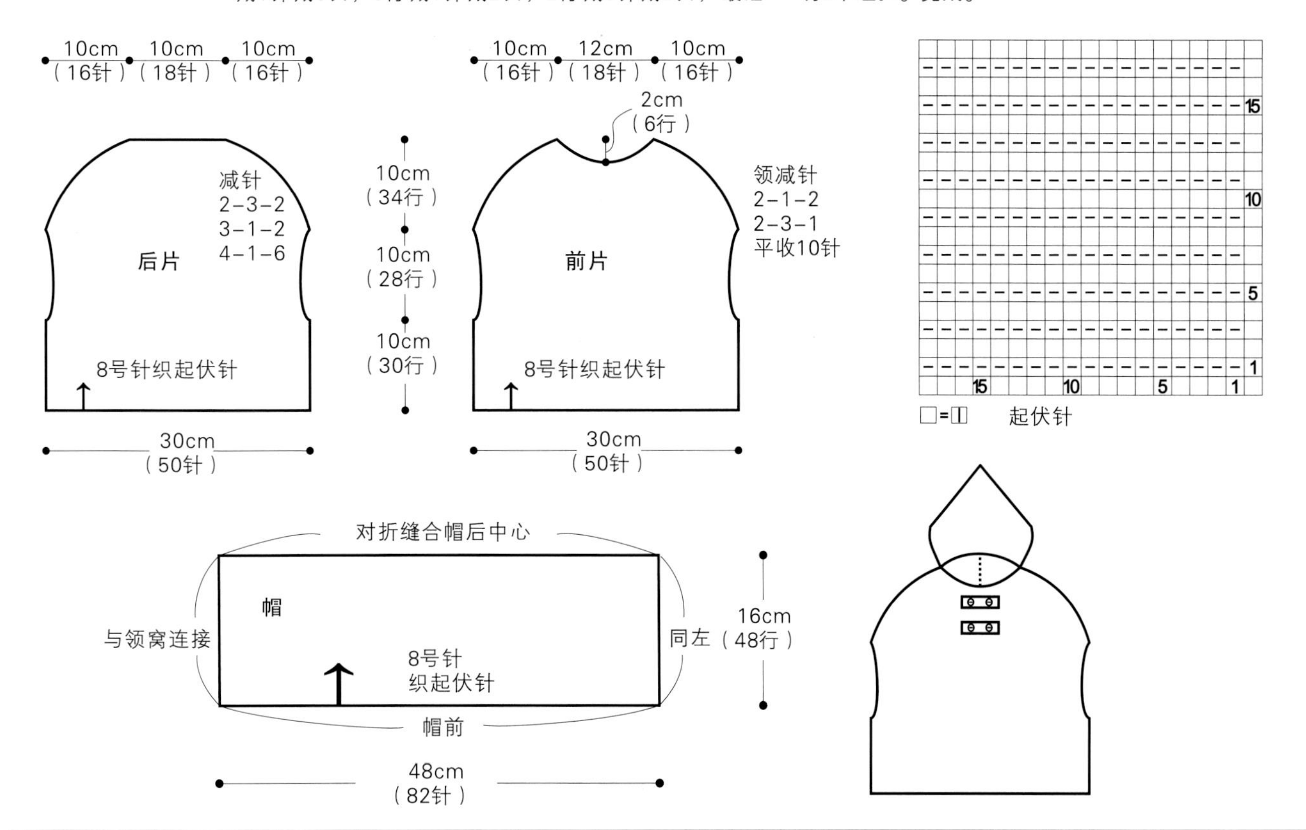

作品09

【成品规格】衣长32cm，胸宽28cm，肩宽20cm，袖长30cm，帽围42cm

【工　　具】三燕牌10号棒针(织衣身)，2.5mm钩针

【编织密度】28针×38行=10cm×10cm

【材　　料】红色细羊绒线270g，白色230g

符号说明：

符号	说明
⊟	上针
□=⊡	下针
2-1-3	行-针-次
↑	编织方向

上衣制作说明

从衣领起织。

1.棒针编织。从上往下编织，织至袖窿，往下分出两个衣袖，前后片衣身连起来片织。

2.从领口起织。下针起针法，先用红色毛线，起112针，不加减针，织8行后，分片，左前片和右前片各占17针，两边袖片各占22针，后片占34针。在左前片与左袖片之间，右前片与右袖片之间，两个袖片与后片之间进行加针编织，每片各边各选1针作边，在内1针上进行加针。每个位置加针，2-1-23，各加23针，再织2行结束。下一步分片各自编织。袖片加成68针，连起来圈织，在腋下两边减针，4-1-9，即一圈减2针，减9次，余下50针，继续织16行配色花样后，改用红色线，织8行后，收针断线。左前片和右前片加针后，针数加成40针，后片加成80针，将前后片连起来一起编织，总针数为160针，不加减针，织配色条纹花样，织52行后，改用红色线，织8行后，收针断线。用红色线，分别沿着左右衣襟边，钩织2行短针锁边。左衣襟制作4个扣眼。

连身裤制作说明

1.从裤脚起织，白色线编织。单罗纹起针法，起72针，圈织起织花样B单罗纹针，不加减针，织6行，下一行全织下针，裤裆部前后加针，1-1-5，再织2行，在裤腿外侧缝边上同时加针，2-1-3将两裤腿裤裆部的10针对应缝合起来。将两个裤管连起来一起编织，裆部不加减针，两侧缝继续加针，2-1-1、6-2-1、8-2-1，织成22行的加针行。一圈总针数为196针。不加减针，织26行后，在原来加针的同一个位置上进行减针，8-2-1、6-2-1、4-2-1、2-2-2，各减少10针，织成26行高度。下一行分前后两片各自编织。先织前片。两边各收6针，然后两边减针，2-2-1、2-1-2，当织成袖窿算起18行的高度后，下一行中间收12针，两边各自减针，2-2-1、2-1-3，不加减针，织12行后，余下18针，收针断线。后片织法相同，只是后肩带要比前肩带多织10行。

2.口袋的编织。织2个，下针起针法，起18针，起织下针，正面下针，返回织上针，不加减针，织14行高，下一行全改织单罗纹针，织6行后，收针断线。将起针边与两侧边缝合于前片腹部左右两边。最后用红色线分别沿着裤管口，前后衣领边，袖窿边线，钩织花样C，花样个数见结构图所示。

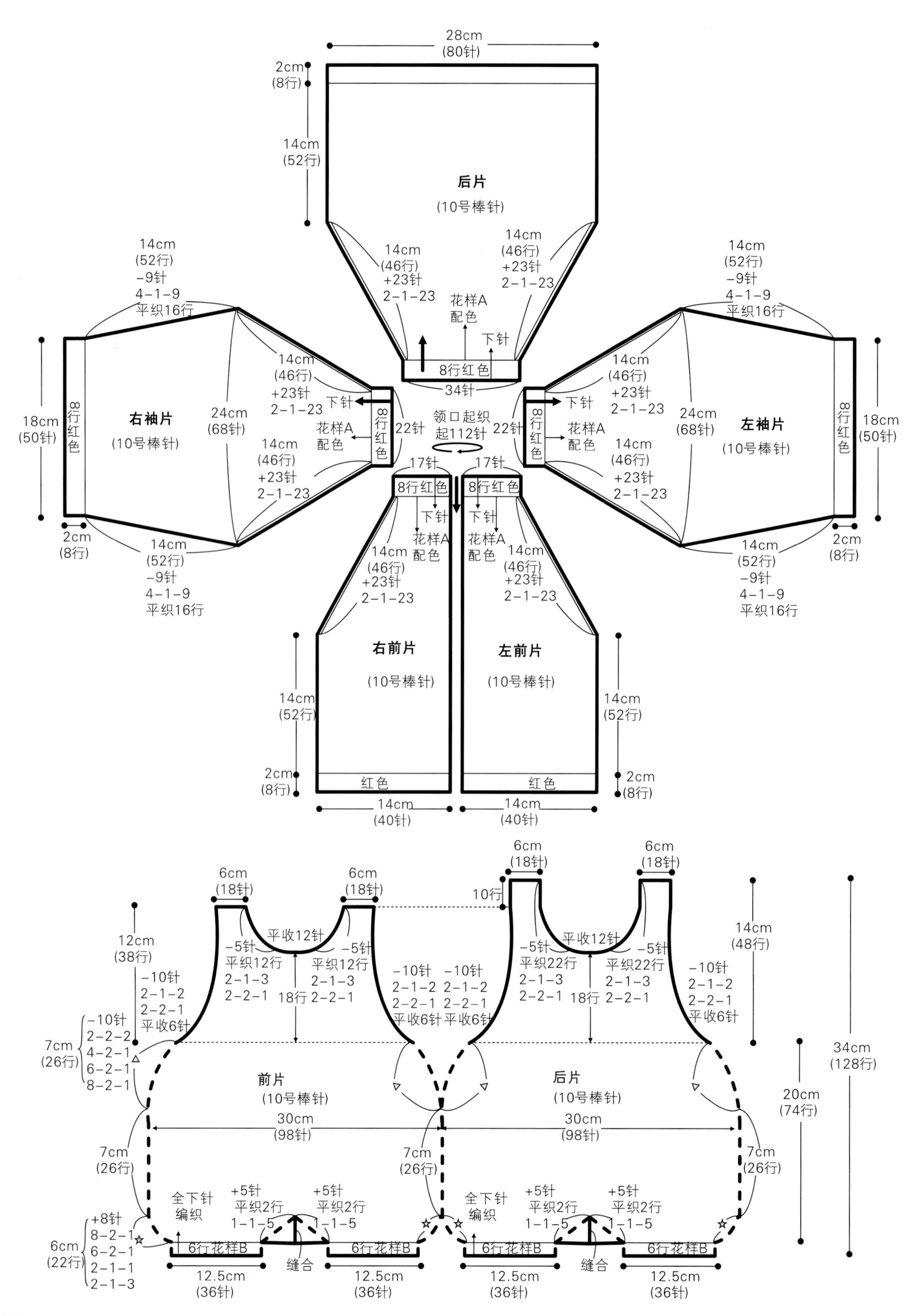
28cm
(80针)
2cm
(8行)
14cm
(52行)
后片
(10号棒针)
14cm
(46行)
+23针
2-1-23
14cm
(46行)
+23针
2-1-23
花样A
配色
下针
8行红色
34针
领口起织
起112针
22针
22针
17针
17针
8行红色
8行红色
右袖片
(10号棒针)
左袖片
(10号棒针)
8行红色
18cm
(50针)
24cm
(68针)
14cm
(52行)
-9针
4-1-9
平织16行
2cm
(8行)
右前片
(10号棒针)
左前片
(10号棒针)
红色
红色
14cm
(40针)
14cm
(40针)
前片
(10号棒针)
后片
(10号棒针)
6cm
(18针)
10行
平收12针
-5针
平织12行
2-1-3
2-2-1
平织22行
18行
-10针
2-1-2
2-2-1
平收6针
12cm
(38行)
14cm
(48行)
34cm
(128行)
20cm
(74行)
-10针
2-2-2
4-2-1
6-2-1
8-2-1
7cm
(26行)
30cm
(98针)
全下针
编织
+5针
平织2行
1-1-5
+8针
8-2-1
6-2-1
2-1-1
2-1-3
6cm
(22行)
6行花样B
缝合
12.5cm
(36针)

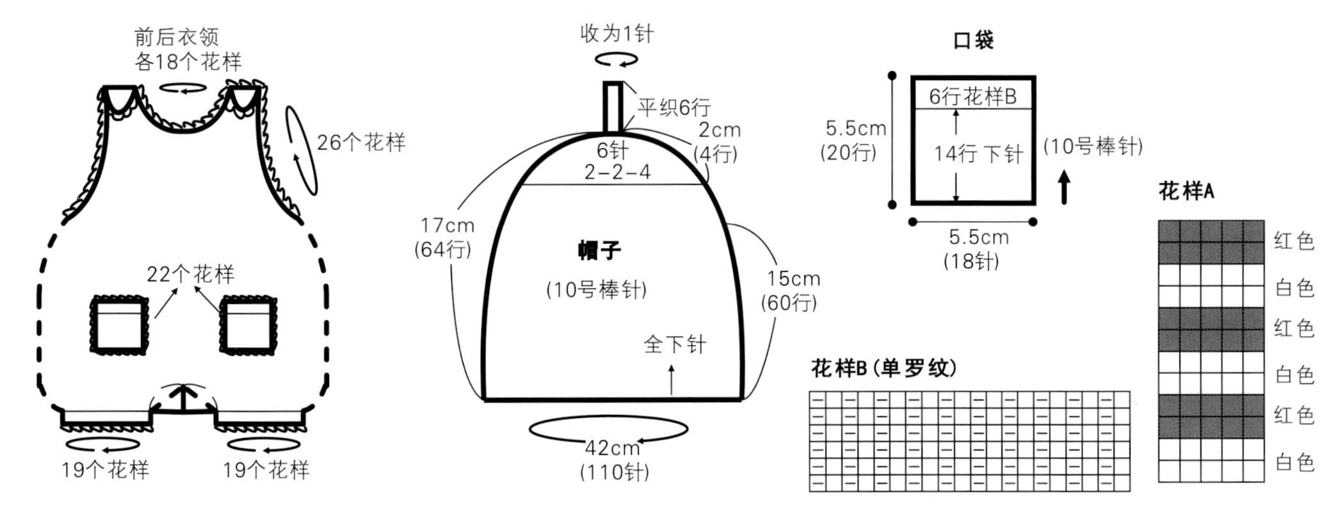

帽子制作说明

白色线，下针起针法，起110针，圈织，起织下针，不加减针，织60行。第61行里，每2针并为1针，1圈减少55针，余55针，第62行里，再次2针并1针，针数余下27针，第63行里，再次2针并1针，减少13针，余下14针，第64行，继续并针，减掉8针，留下6针，不加减针，织6行后，将6针收紧一圈收尾，藏好线尾。钩织2个草莓，2片叶子。系带20cm长。

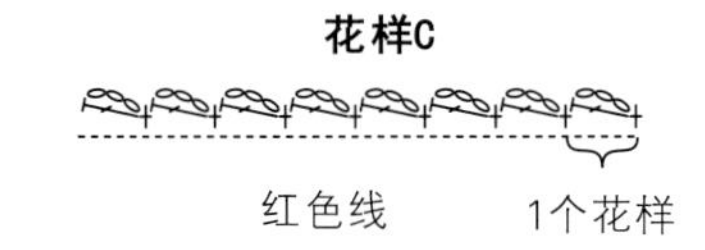

作品10

【成品规格】衣长29cm，胸宽30cm，肩宽20cm，袖长30cm，裤长20cm

【工　　具】三燕牌10号棒针，2.5mm钩针

【编织密度】28针×38行=10cm×10cm

【材　　料】高级山羊绒线黄色440g

【编织要点】

1.棒针编织法，分为前片、后片和袖片，分别编织。编织顺序是，先编织衣身，再编织袖片。用10号棒针编织。

2.前后片的结构相同。下针起针法，起84针，起织花样A，织8行，然后全织下针，不加减针，织54行的高度。下一行起袖窿减针，两边各平收4针，然后3并1位置减针，4-2-10织成40行后，余下36针，两针边针不算，两边各织4针棒绞花样，中间全织下针，下针26针，不加减针，织8行后收针。后片织法相同。

3.袖片的编织。从袖口起织，起56针，起织花样A，织8行，下一行起全织下针。在袖侧缝上进行加针编织，8-1-5、2-1-4，再织2行，至袖窿减针，两边同时收针4针，然后4-2-13，两边各减少30针，织成52行高，余下14针，两针边针织下针，往内算4针织棒绞花样，中间4针，织1上针，2下针，1上针花样，不加减针，织8行后，收针断线。相同的方法，去编织另一个袖片。再将两个袖片的袖窿边线与前后片的袖窿边线对应缝合。再将袖侧缝对应缝合。前片与袖片留8cm的长度不缝合，在前片的边上用钩针钩织锁针眼，4个，在袖片边上对应的位置各钉上4个扣子。衣服完成。

4.裤子的编织。从腰间起针，下针起针法，起140针，起织花样A，织8行后，全织下针，不加减针，织44行后，分裤裆。即将裤子对折，分为前后两半，每一半70针。在每一半的两边倒数第2针的位置上各加1次针。1-1-5，一半织片的针数加成80针，然后以加针部位为中心对折，分为两个裤管，两个裤管各自编织。在原来加针的位置上进行减针，1-1-5再织2行后，改织花样A，织8行后，收针断线。另一个裤管相同织法。织2根背带。下针起针法，起织花样C，14针，不加减针，织144行后，收针断线，两根背带的8针棒绞花样交叉的方向相反。

5.鞋子的编织。从鞋尖起织。下针起针法，起16针，起织花样搓板针，并在两边各进行减针，1-1-2、1-2-1、1-1-2，减少6针，减剩4针，然后两边加针，1-1-1、1-2-1、1-1-2，各加5针，总针数为14针，然后往减加针侧边与起针行挑针，两侧边各挑3针，起针边挑16针，改为圈织，一圈为36针，鞋面花样依照花样编织，共14针。鞋底14针，继续织搓板钅。鞋面下针织8行后，暂停编织。继续编织两侧棒针绞花花样与鞋底，共织40行绞花花样。对称对折缝合成鞋底。从鞋面下针挑针起织花样F双罗纹，两边边织边合并，织8行，然后沿余下边缘挑出30针，一圈共40针，织双罗纹花样，织14行后，收针。沿着鞋面与鞋筒连接处钩一圈花样G。

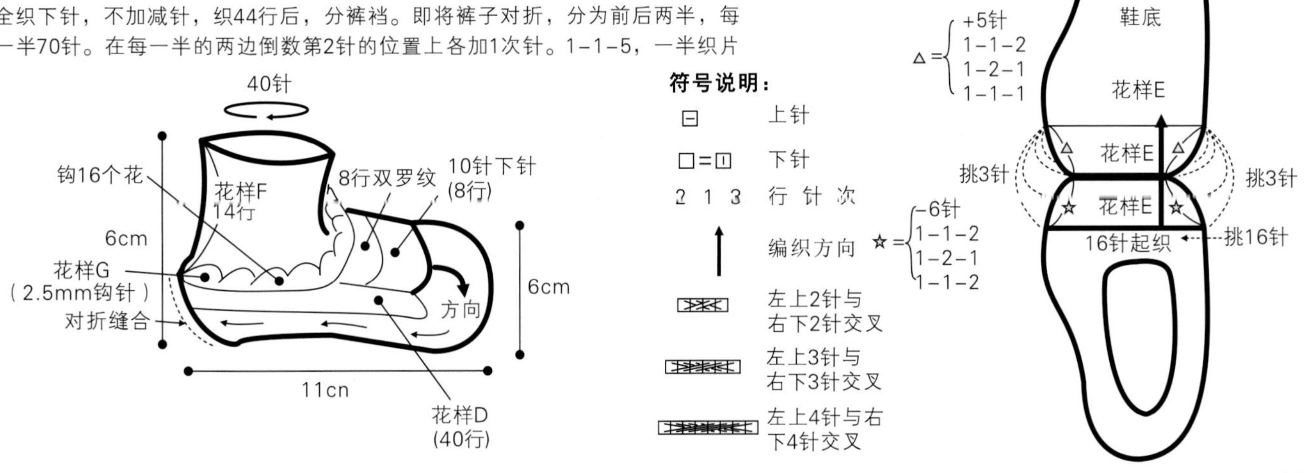

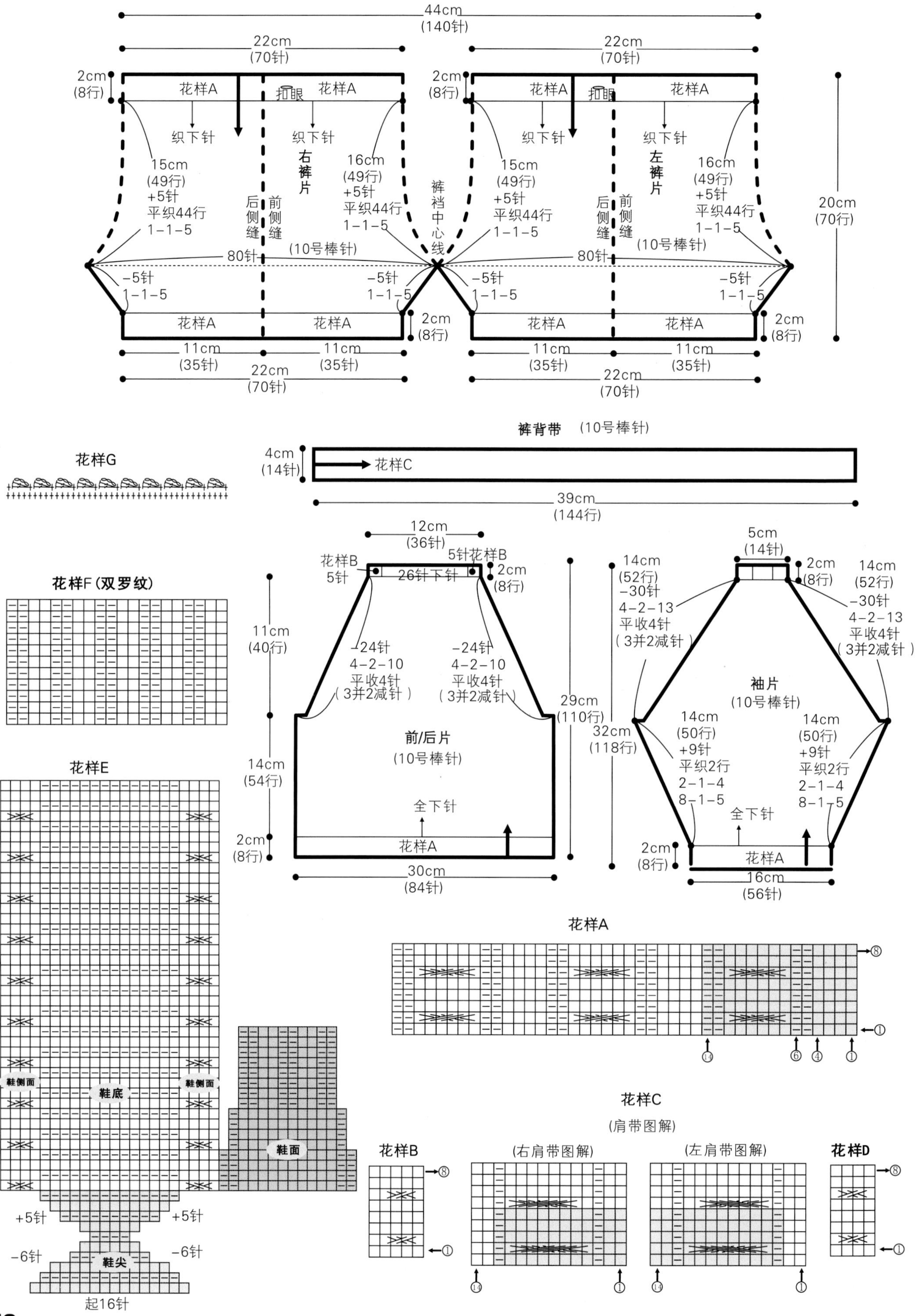
44cm
(140针)
22cm
(70针)
2cm
(8行)
花样A
扣眼
织下针
右裤片
左裤片
15cm
(49行)
+5针
平织44行
1-1-5
16cm
(49行)
+5针
平织44行
1-1-5
后侧缝
前侧缝
裤裆中心线
(10号棒针)
80针
-5针
1-1-5
11cm
(35针)
20cm
(70行)
裤背带
(10号棒针)
4cm
(14针)
花样C
39cm
(144行)
花样G
花样F(双罗纹)
花样E
鞋侧面
鞋底
鞋面
鞋尖
+5针
-6针
起16针
12cm
(36针)
花样B
5针
5针花样B
26针下针
11cm
(40行)
-24针
4-2-10
平收4针
(3并2减针)
前/后片
(10号棒针)
全下针
29cm
(110行)
14cm
(54行)
30cm
(84针)
5cm
(14针)
14cm
(52行)
-30针
4-2-13
袖片
32cm
(118行)
14cm
(50行)
+9针
平织2行
2-1-4
8-1-5
16cm
(56针)
花样A
花样C
(肩带图解)
(右肩带图解)
(左肩带图解)
花样D

作品11

【成品规格】见图

【编织密度】30针×30行=10cm×10cm

【工　　具】11号棒针

【材　　料】杏色毛线250g

【编织要点】

1.育克：起72针织分散加针花样，织48行分针。

2.前后片：前后片分170针，袖各分44针，将袖针数穿起来，先织身片。圈织单罗纹64行平收。

3.袖：两袖口各圈织单罗纹6行平收。整理衣服，完成。

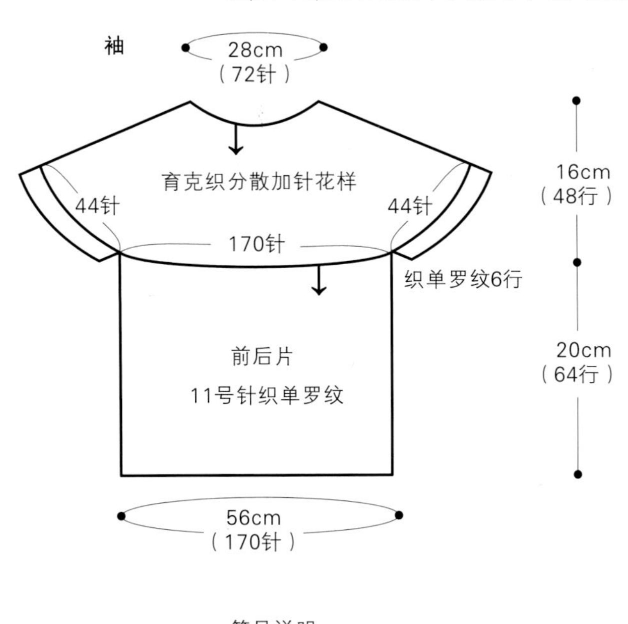

符号说明：

O =加针

人 =左上2针并1针

入 =右上2针并1针

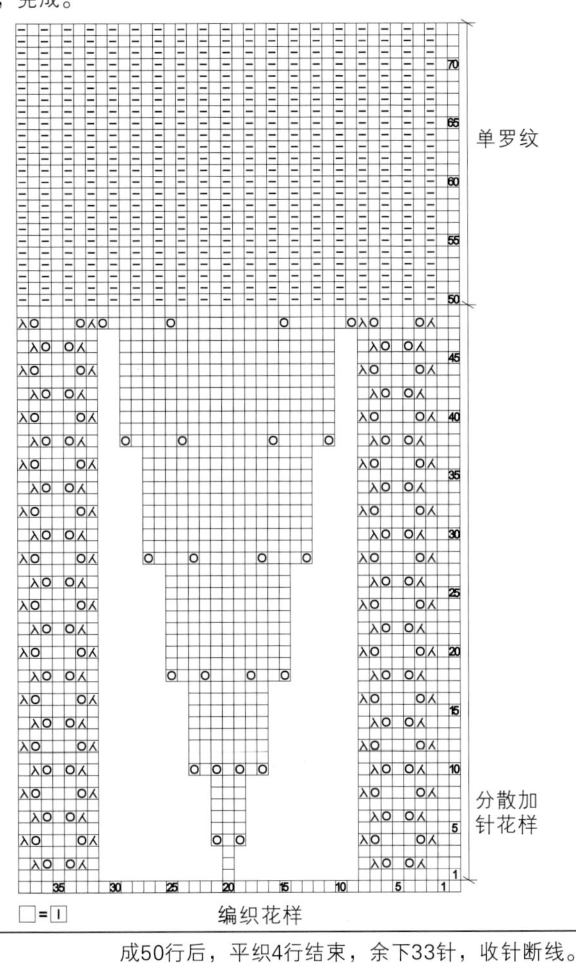

编织花样

作品12

【成品规格】 衣长42cm，胸宽26cm，袖长28cm

【工　　具】 三燕牌11号棒针

【编织密度】 28针×40行=10cm×10cm

【材　　料】 织美堂灰色细羊绒线4团共200g

【编织要点】

1.棒针编织法。分为前片、后片和两个袖片各自编织。

2.前片的编织。下摆起织。起99针，分配花样，先织43针下针，再织13针花样B，最后43针织下针。照此分配，不加减针，织46行的高度。下一行两侧边各收针5针，然后侧缝依照16-1-4减针，平织6行后，至袖窿。下一行袖窿起减针，依次按照2-2-2、4-2-10减针，平织2行结束。当织成袖窿算起32行的高度后，下一行中间收针15针，两边衣领减针，依照2-2-3、4-2-1、2-1-1减针，平织2行后，结束。前片编织完成。

3.后片的编织。起针与花样编织与前片相同。当平织46行后，侧缝即减针，依照16-1-4减针，再平织6行至袖窿。袖窿起减针，两边各自收针5针，然后依照2-2-2、4-2-2、6-2-4、4-2-2、2-2-2，进行减针，织成50行后，平织4行结束，余下33针，收针断线。

4.袖片的编织。从袖口起织。单罗纹起针法，起60针，起织花样A，不加减针，织10行后，下一行起全织下针，正面全织下针，返回织上针，即是正面看起来全是下针的花样，袖侧缝同时减针，6-1-8，织成48行后，平织4行至袖山减针，下一行起，两边减针，位于前袖山的减针，收针6针后，依照4-2-8、6-2-2减针，减26针，然后再平织14针，按2-2-3减6针。位于后袖山的减针，收针4针后，再按2-2-1、4-2-11、2-2-1减针，平织2行后，最后两边减针余下1针，收针，结束。

5.衣襟边的编织。前片两边衣襟，侧缝上挑50针，插肩缝挑36针，起织花样A，织成3行后，在第4行里，平均制作六个扣眼。然后再将花样A织成8行的高度。完成后，收针。后片在减针侧缝边上挑50针，起织花样A，织8行后，收针。在袖片上，位于前边的插肩缝上，挑36针，起织花样A，织8行后，收针断线。

6.衣领的编织。前片衣领挑46针，织花样A，织8行后，收针断线。后片与袖肩边线一起挑针76针，起织花样A，织8行后，收针。在扣眼对应的对侧衣襟，钉上纽扣。再将衣服下摆边对应缝合。

符号说明：

⊟　上针

□=⏐　下针

2-1-3　行-针-次

↑　编织方向

左上3针与右下3针交叉

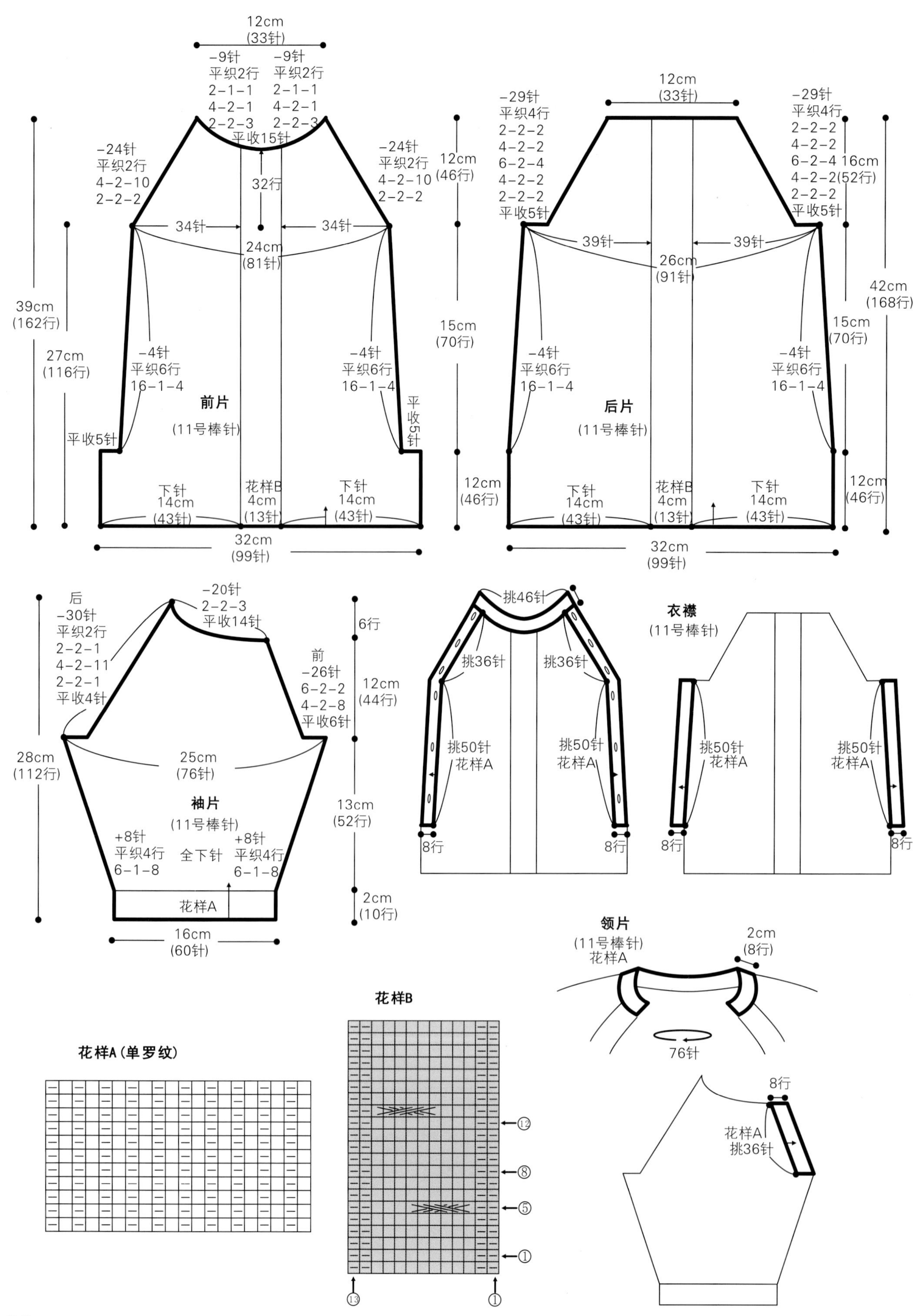
12cm
(33针)
-9针
平织2行
2-1-1
4-2-1
2-2-3
平收15针
-24针
平织2行
4-2-10
2-2-2
32行
34针
24cm
(81针)
39cm
(162行)
27cm
(116行)
-4针
平织6行
16-1-4
前片
(11号棒针)
平收5针
下针
14cm
(43针)
花样B
4cm
(13针)
32cm
(99针)
12cm
(46行)
15cm
(70行)
-29针
平织4行
2-2-2
4-2-2
6-2-4
平收5针
39针
26cm
(91针)
后片
16cm
(52行)
42cm
(168行)
后
-30针
平织2行
2-2-1
4-2-11
平收4针
-20针
2-2-3
平收14针
前
-26针
6-2-2
4-2-8
平收6针
6行
12cm
(44行)
28cm
(112行)
25cm
(76针)
袖片
+8针
平织4行
6-1-8
全下针
花样A
16cm
(60针)
13cm
(52行)
2cm
(10行)
挑46针
挑36针
挑50针
花样A
8行
衣襟
(11号棒针)
领片
(11号棒针)
花样A
2cm
(8行)
76针
挑36针
花样B
花样A(单罗纹)

作品13

【成品规格】 衣长34cm，胸宽27cm，肩宽24cm

【工　　具】 三燕牌11号棒针

【编织密度】 32针×44行=10cm×10cm

【材　　料】 织美堂湖蓝色细羊绒线共140g

【编织要点】

1.棒针编织法。袖窿以下圈织，袖窿以上分为前片，后片编织。另外编织两个袖片。

2.袖窿以下的编织。先单片编织。下针起针法，起84针，起织花样A搓板针。不加减针，织10行后，下一行两各选8针编织花样A搓板针，而中间68针编织下针，不加减针，织10行后。相同的方法织另一片。然后将前后两片合并，圈织，照原来的花样分配，织8行后，所有的针数全改织下针，不加减针，织50行后至袖窿。再一分为二，分成前后两片。

3.袖窿以上分片编织，分为前片和后片，先织前片。两边袖窿减针，各先收针4针，然后2-2-1，4-2-1，各减少8针，织片中间选16针织花样A搓板针，织6行后，将前片一分为二，各自编织。花样A继续编织，织18行后。将花样A织成18针，不加减针，织10行后，衣领收针10针，花样A余下8针，继续织16行后，开始引返编织织斜肩，5针一退，退织2次，然后6针退织1次，完成后肩部余下16针，收针断线。前片另一半织法相同。后片的织法。袖窿减针，两边平收针4针，然后2-2-1，两边各减少6针，然后继续编织。衣领在织至袖窿算起第48行时，中间选40针织花样A搓板针，织2行后开始织斜肩，织法与前片相同，花样A织8行的高度后，收针断线，将前后片的肩部对应缝合。

4.袖片的编织。从袖口起织，起56针，起织花样A，不加减针，织10行，然后下一行起，全织下针，并在袖侧缝上加针，4-1-2，6-1-8，平织2行后，针数加成76针，下一行袖山减针，两边收针4针，然后依次减针，4-2-1，2-2-1，4-2-5，各减少18针，然后平织2行后，余下40针，收针断线。

符号说明：

⊟　上针

□=⊡　下针

2-1-3　行-针-次

↑　编织方向

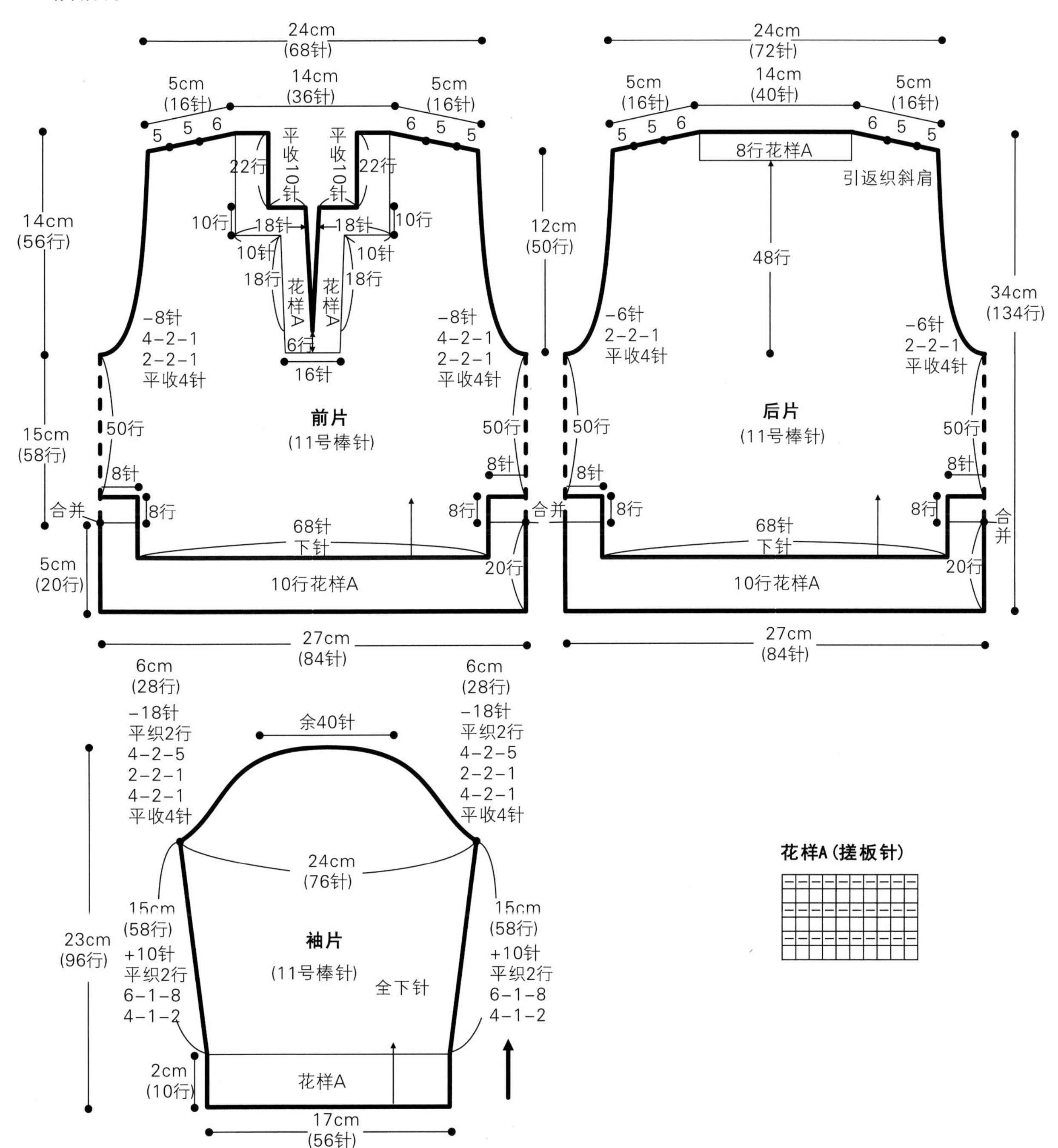

作品14

【成品规格】衣长36cm，胸围66cm，连肩袖长36cm

【编织密度】20针×20行=10cm×10cm

【工　　具】9号棒针

【材　　料】灰色毛线150g，纽扣1颗

【编织要点】

1.后片：起60针，中心8针织绞花，两边各26针织桂花针，织44行开挂肩，腋下各平收4针，再每2行减1针减14次，最后24针平收。

2.前片：起32针，中心8针织绞花，两边12针织桂花针，织44行开挂肩，腋下平收4针，再依次减针，减到绞花的时候全部织桂花针，完成后最后14针平收，需要扣洞的一片需要在领口开1个扣眼。

3.袖：起50针织桂花针12行，上面织平针，腋下两边各减4针，再依次减针，最后12针平收。

4.缝合各部分及纽扣，完成。

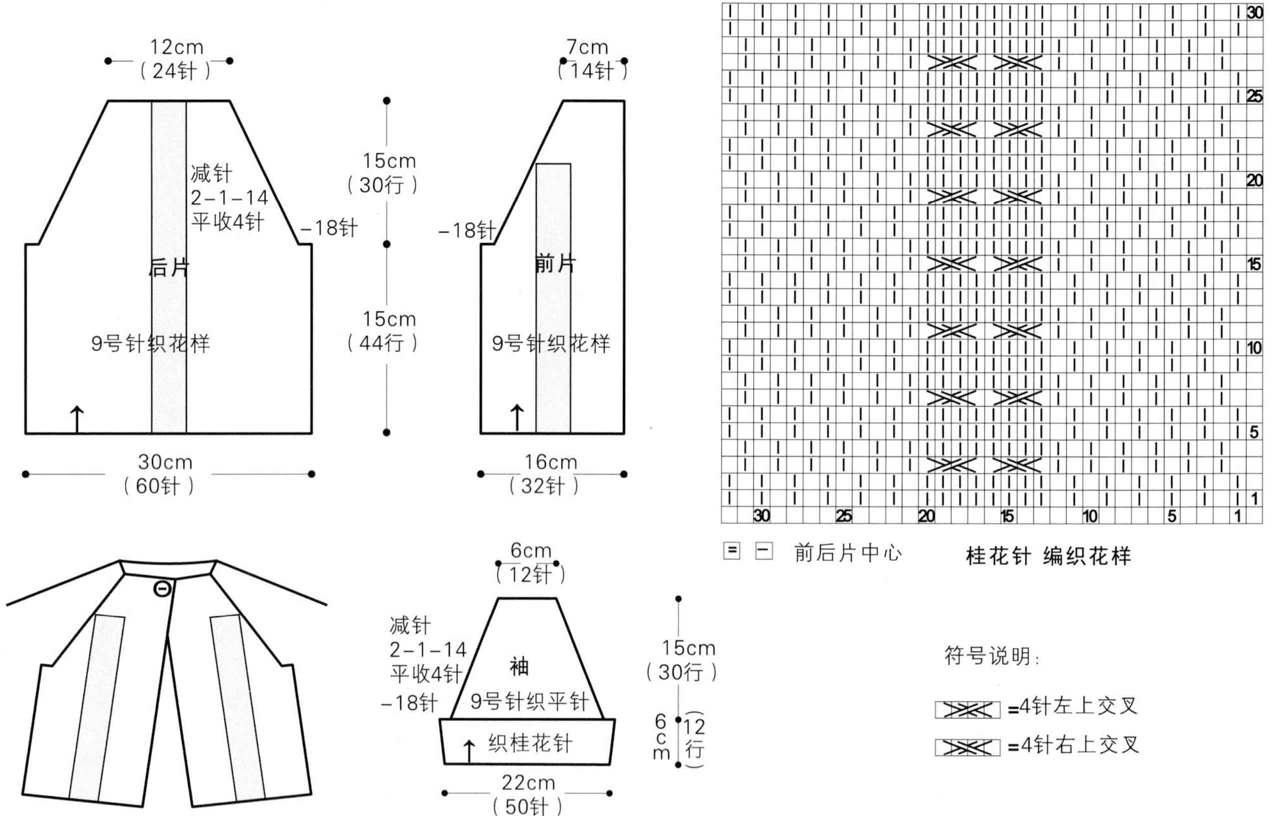

作品15

【成品规格】 衣长28cm，胸宽26cm，肩宽20cm，下摆宽22cm，袖长29cm，裤长41cm

【工　　具】 三燕牌11号棒针(织衣身)

【编织密度】 28针×38行=10cm×10cm

【材　　料】 粉红色细羊绒线，衣服125g，帽子75g

符号说明：

- ⊟ 上针
- □=▣ 下针
- 2-1-3 行-针-次
- ↑ 编织方向
- ◎ 镂空针
- 中上3针并1针
- 左并针
- 右并针

【编织要点】

1.棒针编织法。袖窿以下圈织，袖窿以上分为前片、后片和两个袖片，帽子1个。

2.袖窿以下的编织。下摆起织，下针起针法，起168针，起织花样A，不加减针，织10行，下一行起，编织花样A，排7组花样编织，织至第14行时，每一组花都有一个3并1针，每组减少2针，总针数减少为140针，一半为70针，然后再织6行下针，在第6行里，每5针织1针空针，2针并1针，空针用于穿腰系带。而后全织下针，不加减针，织30行至袖窿减针，将衣身分为前后两半分别编织。前半片，开门襟，中间选6针织花样A搓板针，余下的全织下针，袖窿进行减针，收针4针，然后2-1-1，减少5针，门襟织成32行后，开始减前领窝，先收针9针，然后2-3-1，2-2-2，2-1-1，减少17针，然后引返织斜肩。每6针引退织1次，再5针引退织2次，肩部余下16针，收针。相同方法织另一边，门襟搓板针在另一半门襟后面挑针编织。后半片编织，两边收针4针，再2-1-1，一侧共减5针，织成袖窿算起39行时，后衣领减针，中间收针24针，两边减针，2-1-2，接着是斜肩引返编织，与前片肩部织法相同，肩部织成16针，收针。将前后片的肩部对应缝合。

3.袖片的编织。袖口起织，起60针，起织花样A。不加减针，织8行，下一行全织下针6行，然后排花样B编织。并在两侧袖山上减针，先各收针4针，然后2-1-7，2-3-1，2-5-1，织成18行，减少19针，余下22针，收针断线。相同的方法去编织另一个袖片，并将袖山边线与衣身袖窿边线进行缝合。

4.衣领的编织。前衣领挑织24针，后衣领边挑织30针，花样织花样A搓板针。衣服完成。

5.帽子的编织。棒针编织法，用11号棒针编织。圈织，下针起针法，起120针，起织下针，不加减针织20行后，改织花样C双罗纹针，不加减针，织8行的高度。下一行起全织下针，不加减针，织20行后，将120针分为12等份进行减针编织，依照图解花样D减针，2-1-9，最后每等份余下1针，共12针，再将每3针并为1针，将余下的针数，抽紧，藏好线尾。钩1朵小饰花缝于帽侧。

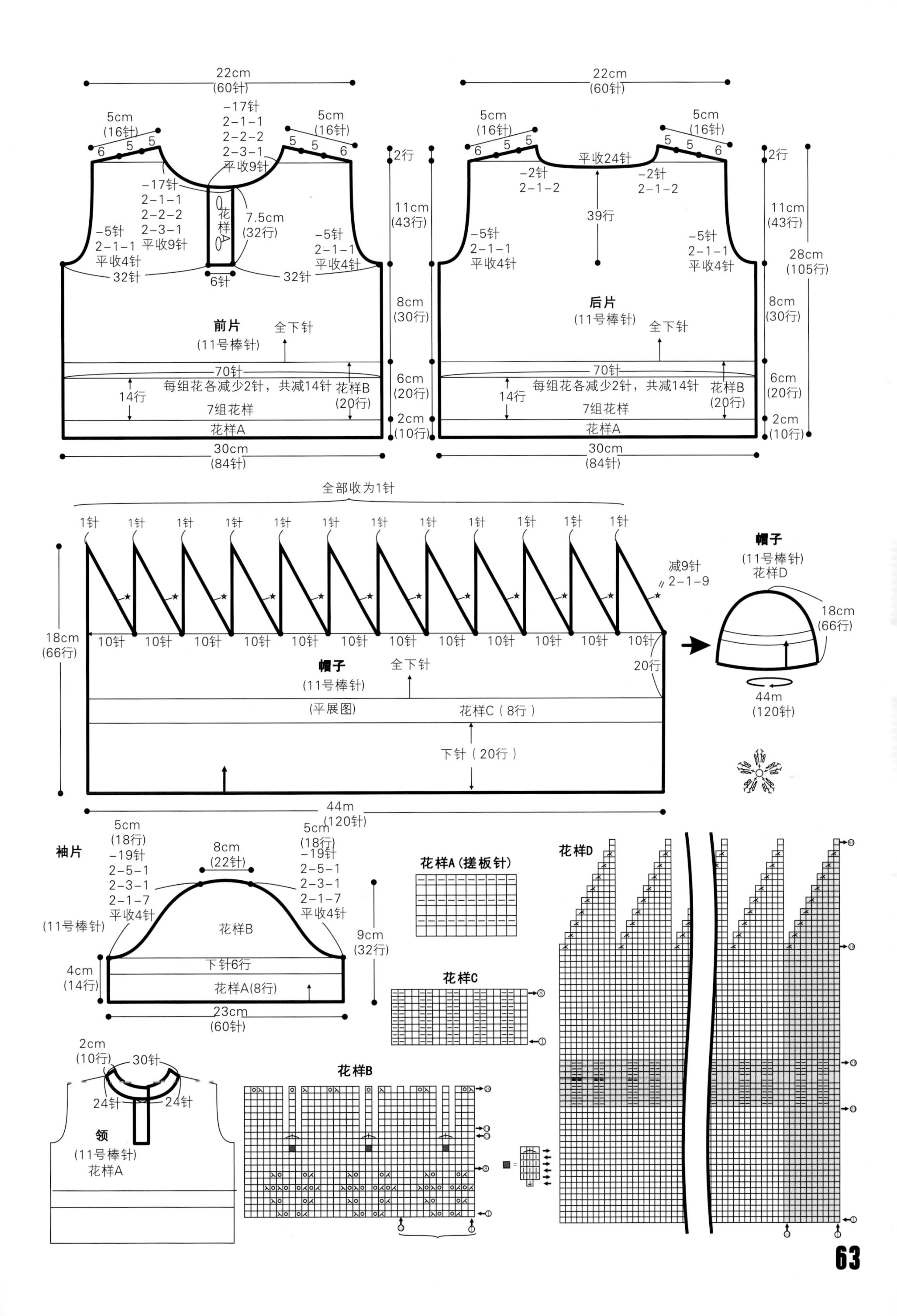

22cm
(60针)
5cm
(16针)
-17针
2-1-1
2-2-2
2-3-1
平收9针
6
5
5
2行
11cm
(43行)
花样A
7.5cm
(32行)
-5针
2-1-1
平收4针
32针
6针
8cm
(30行)
前片
(11号棒针)
全下针
70针
每组花各减少2针，共减14针
14行
7组花样
花样B
(20行)
6cm
(20行)
2cm
(10行)
30cm
(84针)
平收24针
-2针
2-1-2
39行
28cm
(105行)
后片
全部收为1针
1针
10针
减9针
2-1-9
18cm
(66行)
帽子
(11号棒针)
(平展图)
花样C（8行）
下针（20行）
20行
44m
(120针)
花样D
44m
袖片
8cm
(22针)
5cm
(18行)
-19针
2-5-1
2-3-1
2-1-7
平收4针
9cm
(32行)
4cm
(14行)
下针6行
花样A(8行)
23cm
(60针)
2cm
(10行)
30针
24针
领
花样A(搓板针)
花样C
花样B

作品16

【成品规格】衣长30cm，胸围60cm，袖长21cm

【编织密度】16针×20行=10cm×10cm

【工　　具】8号棒针

【材　　料】浅黄色毛线250g，纽扣3颗

【编织要点】

1.后片：起48针织花样，花样为4行起伏针加10行平针共14行1组，一直平织上去，织62行后平收。

2.前片：起24针织花样，织34行后开始织领窝，每2行减1针减6次后，再每3行减1针减4次，平织4行收针。

3.袖：起28针，织花样42行，两边按图示加针，织完后平收。

4.领、门襟：缝合各片，挑针织领和门襟。沿边缘挑116针织起伏针4行，并在一侧留3个扣眼。最后缝上纽扣，完成。

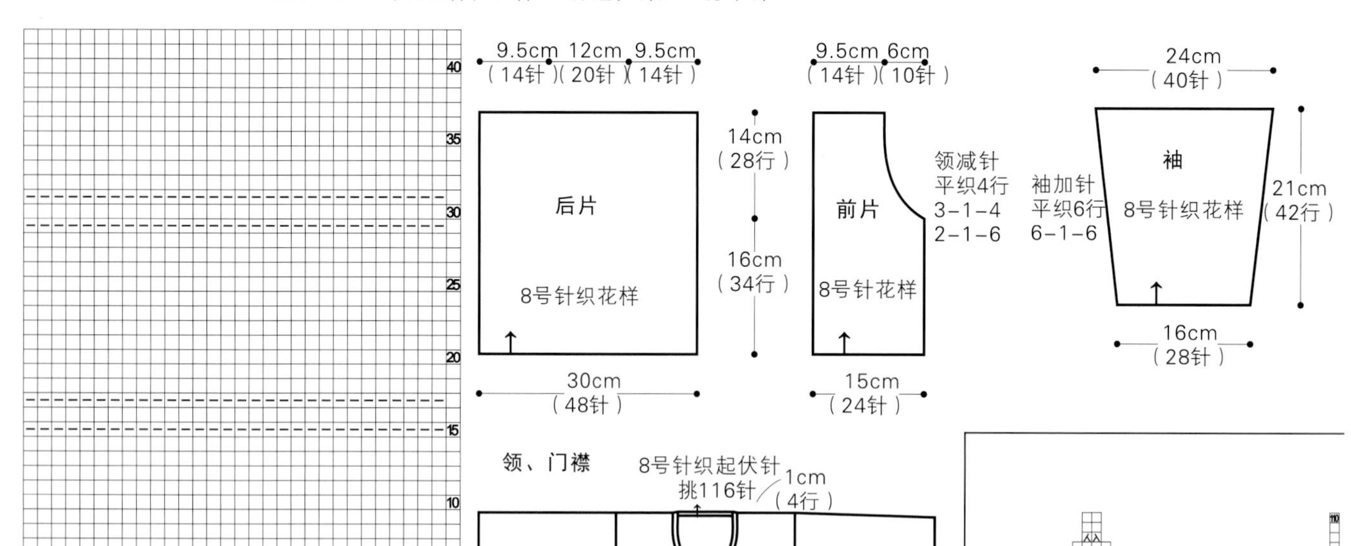

作品17

【成品规格】见图

【编织密度】15针×18行=10cm×10cm

【工　　具】6号棒针

【材　　料】长段染毛线100g

【编织要点】

1.起80针，圈织单罗纹10行，

2.均加20针，上面全部织平针。

3.不加不减织25行后在两侧减针，每3行减1针直到最后4针。

4.用线将顶抽紧，做1个毛线球装上，完成。

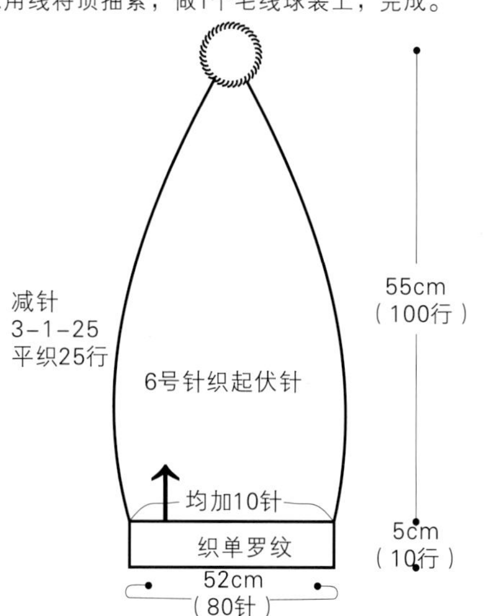

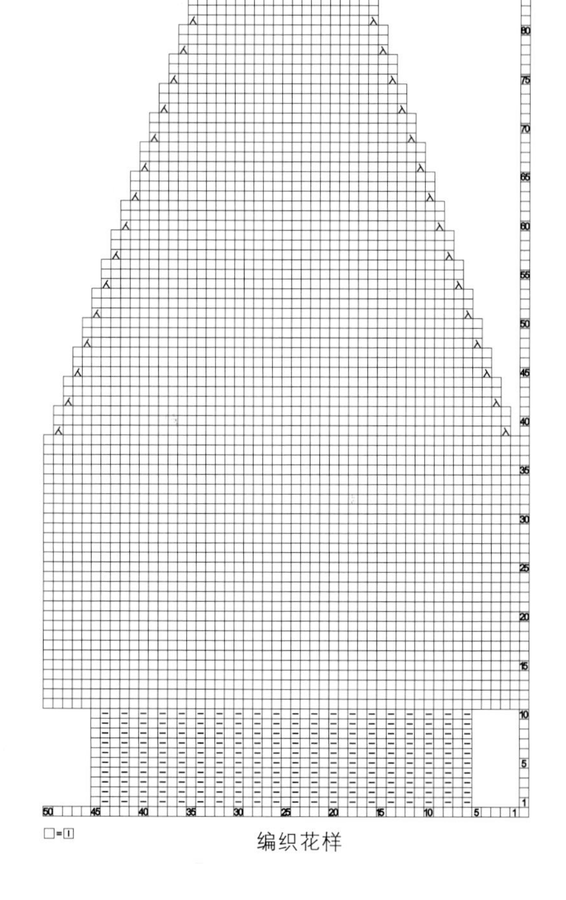

作品18

【成品规格】衣长30cm，胸围60cm，袖长21cm
【编织密度】16针×20行=10cm×10cm
【工　　具】8号棒针
【材　　料】蓝色毛线250g，纽扣4颗

【编织要点】
1.后片：起48针织起伏针6行后，一直织平针，在最后4行织完起伏针后平收。
2.前片：起24针织起伏针6行，门襟边缘的3针织起伏针和衣片同织，其余织平针并在一侧开4个扣眼，织34行开始织领窝，沿着起伏针的边缘收针，每2行减1针减10次后，最后平织8行收针。
3.袖：起28针，织起伏针6行，上面织平针，两侧按图示加针，织完后平收。
4.缝合各片和纽扣，完成。

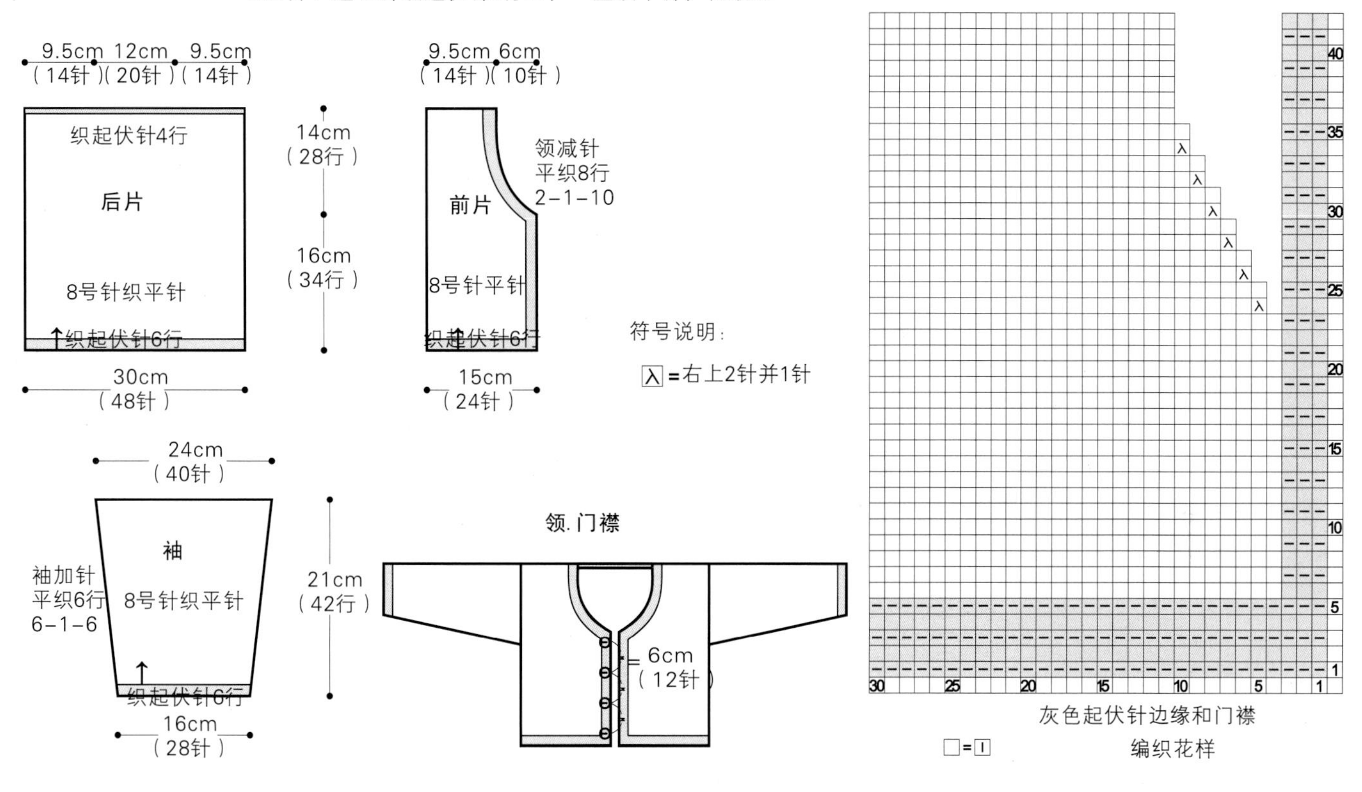

作品19

【成品规格】衣长34.5cm，胸宽30cm，肩宽25cm，袖长25cm
【工　　具】三燕牌10号棒针织衣身，11号棒针织衣边
【编织密度】29针×37行=10cm×10cm
【材　　料】橙色细羊绒线180g

符号说明：
⊟ 上针
□=⊡ 下针
2-1-3 行-针-次
↑ 编织方向
右上1针与左下1针交叉
右上2针与左下1针交叉
左上2针与右下2针交叉
左上3针与右下3针交叉

【编织要点】
1.棒针编织法。分为前片、后片和2个袖片。外加1个小挎包。
2.前片的编织。下针起针法，起87针，起织花样A搓板针，织6行，然后排花样，两边各留18针织下针，中间51针依照花样B排花样，依照这排列，不加减针，织80行至腋下。袖窿起减针，两边平收3针，然后2-1-4，两边各减少7针，然后继续织，织成袖窿算起30行时，开始减前衣领边，中间收针11针，两边各自编织，2-4-1、2-2-1、2-1-4，至肩部余下21针，收针断线。前片的花样B中间，钩些小花缝上装饰。后片的编织，起针至腋下织法与前片完全相同。袖窿减针与前片相同，当织成袖窿算起40行后，下一行开始减后衣领，中间收针29针，两边减针，2-1-1两肩部余下21针，将之与前片的肩部对应缝合，再将前后侧缝对应缝合。
3.袖片的编织。袖口起织，起63针，起织花样A。不加减针，织6行，下一行排花样，两侧6针织下针，中间51针织花样B。并在两侧袖身加针，6-1-3，4-1-9，各加12针，然后不加减针，织26行的高度至袖窿减针，先各收针4针，然后2-3-2、2-2-6、2-3-1、2-4-1，织成20行，减29针，余下29针，收针断线。相同的方法去编织另一个袖片，并将袖山线与衣身袖窿边线进行缝合。
4.领片的编织。前衣领边挑60针，后衣领边挑40针，起织花样D双罗纹针，不加减针，织34行的高度后，收针断线。

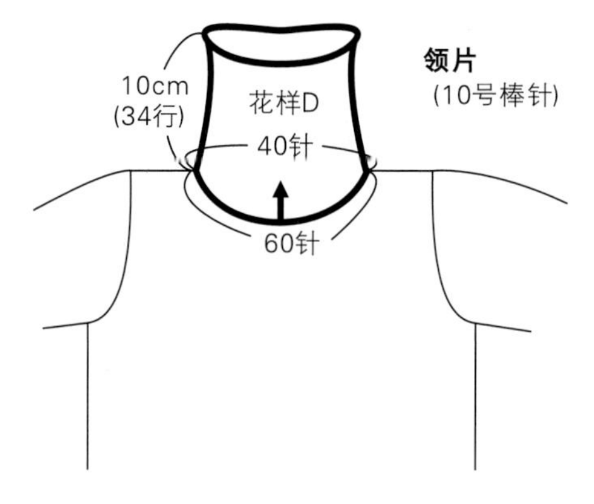

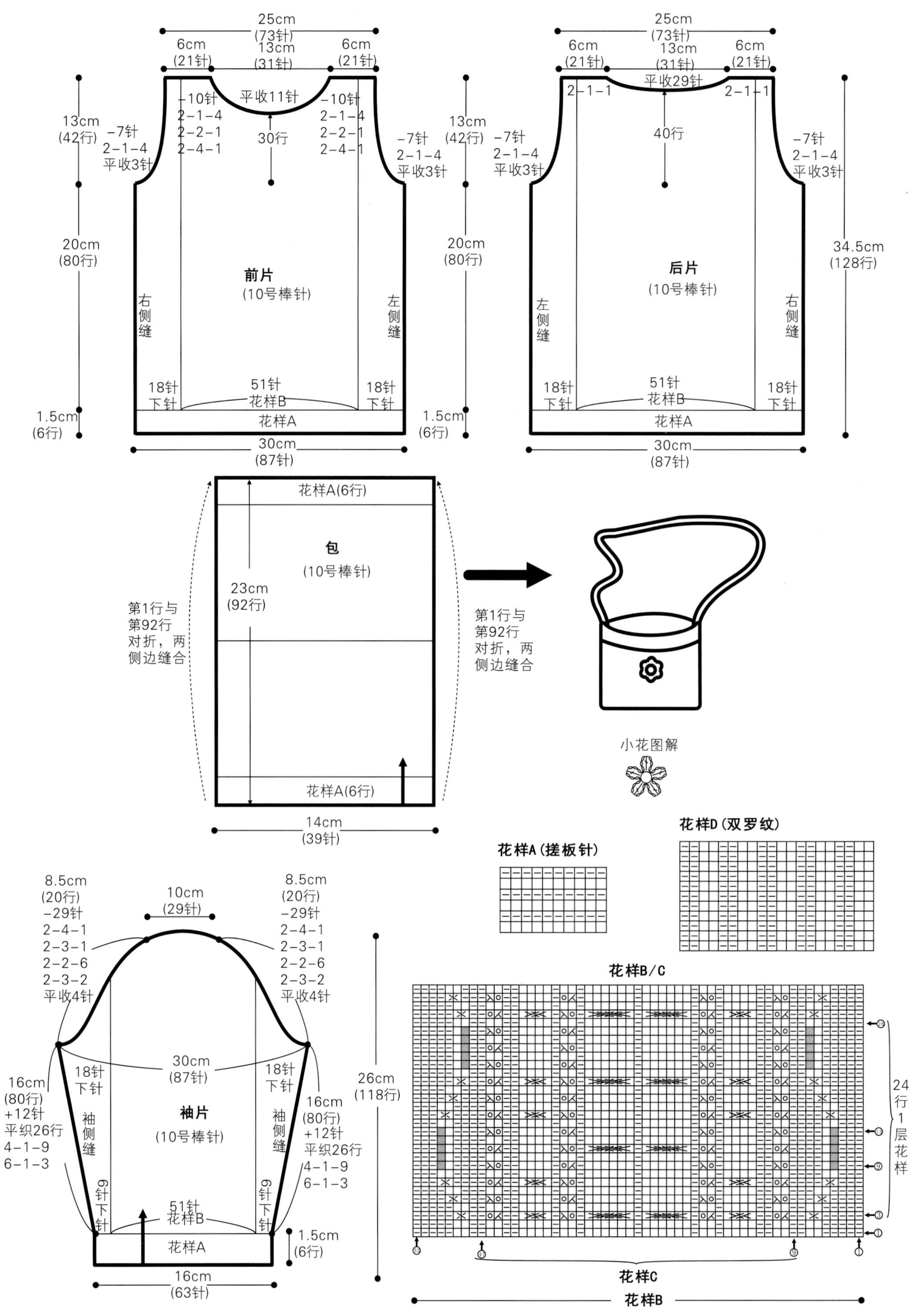
25cm
(73针)
6cm
(21针)
13cm
(31针)
平收11针
-10针
2-1-4
2-2-1
2-4-1
30行
13cm
(42行)
-7针
2-1-4
平收3针
20cm
(80行)
前片
(10号棒针)
右侧缝
左侧缝
18针
下针
51针
花样B
花样A
1.5cm
(6行)
30cm
(87针)
平收29针
2-1-1
40行
后片
(10号棒针)
34.5cm
(128行)
花样A(6行)
包
(10号棒针)
23cm
(92行)
第1行与
第92行
对折，两
侧边缝合
14cm
(39针)
小花图解
花样D(双罗纹)
花样A(搓板针)
8.5cm
(20行)
-29针
2-4-1
2-3-1
2-2-6
2-3-2
平收4针
10cm
(29针)
30cm
(87针)
袖片
(10号棒针)
16cm
(80行)
+12针
平织26行
4-1-9
6-1-3
袖侧缝
9针下针
26cm
(118行)
16cm
(63针)
花样B/C
24行1层花样
花样C
花样B

作品20

【成品规格】见图

【编织密度】12针×17行=10cm×10cm

【工　　具】6号、8号棒针

【材　　料】米色棒针线200g

【编织要点】

1.起80针起伏针分散减针花样；平织14行，第15行每4针1组减针，第19行再每3针1组减针，减针后再织1行后主体完成。

2.圈起来织领；将全部针数圈起来后首尾交接的2针可互换位置以免有针孔出现，然后织单罗纹15行，平收。

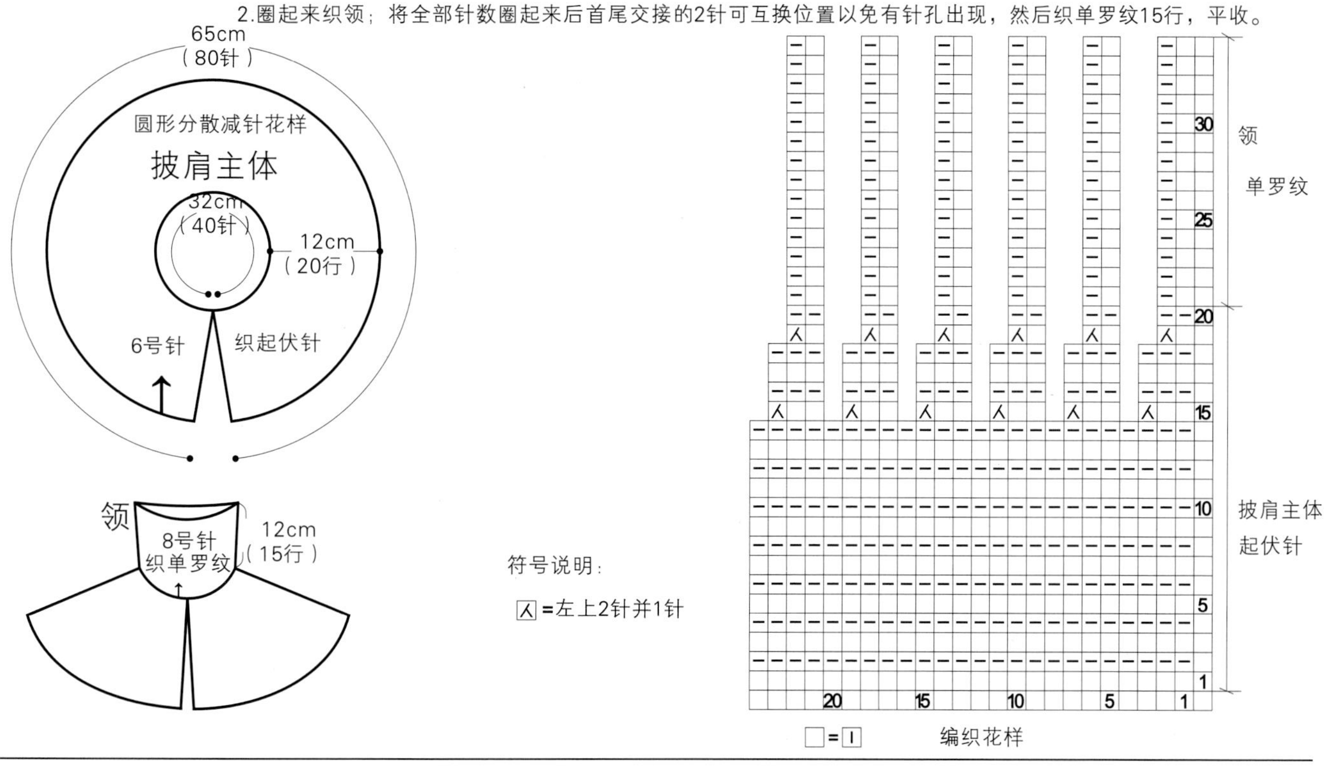

作品21

【成品规格】衣长45cm，胸围60cm

【编织密度】25针×32行=10cm×10cm

【工　　具】10号棒针

【材　　料】黄色毛线350g

【编织要点】

1.后片：起86针织花样，织96行开挂肩，腋下各平收4针，再依次减针，织38行开始织后领窝，将中心的16针平收，分左右片织并在领边缘减针，减针完成后织4行肩平收。

2.前片：织法同后片。挂肩织28行后开始织领窝，将中心18针平收，分左右片织并按图示在领口减针，减针完成后继续织16行，将肩部针数平收。

3.缝合各片，完成。

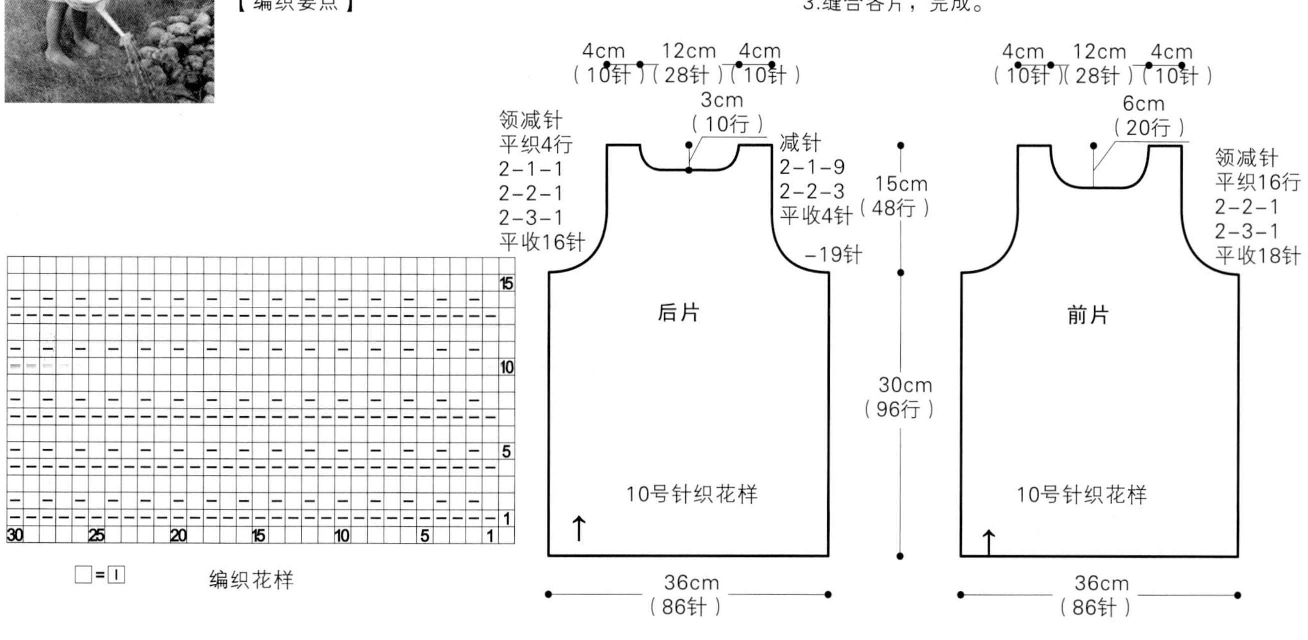

作品22

【成品规格】 衣长38cm，胸宽25cm，肩宽20cm

【工　　具】 三燕牌11号棒针(织衣身)，3.0mm钩针

【编织密度】 30针×40行=10cm×10cm

【材　　料】 大红色细羊绒线3团共150g，暗红色细羊绒线10g，纽扣2颗

【编织要点】

1.棒针编织法。从下摆起织，圈织，至袖窿分成前后片。

2.袖窿以下的编织。圈织，下针起针法，用大红色线，起200针，起织花样A搓板针，不加减针，织4行，然后换暗红色线，将针数分配花样B编织。一圈共20组花样B，花样B每组10针，每层10行，暗红色织10行，然后往上全用大红色，再织一层花样B。将裙摆织成24行的高度。下一行起改织下针，平织2行后，开始收茎。减针的位置，前后片相同。每一片的侧缝算起，以第23针为中心，两边各减少1针，即是3针并为1针，中间1针在面上。然后跳过54针，在第55针进行3针并为1针。后片算法相同。都以这中间1针进行并针，每10行并针1次，进行6次，织成62行后，平织2行至袖窿。

3.袖窿以上分片编织，分为前片和后片，先织前片。两边袖窿减针，各先收针4针，然后2-1-6织成袖窿算起32行的高度时，下一行中间选12针收针，然后两边减衣领边，2-1-8，平织8行后，肩部余下14针，收针断线。后片的织法。袖窿减针与前片相同。衣领在织至第33行时开始收针，中间收12针，两边减针，2-3-1、2-2-2、4-1-1，平织12行后，肩部余下14针，收针断线。

4.袖窿衣领边的织法。用暗红色细羊绒线4股，用3.0mm钩针，钩一根1米长的锁针辫子，然后将平滑的一面压上毛衣边缘上，用钩针将绳子钩上去，沿着前后片边缘钩上，收针，藏好线尾。在钩至后片的肩部时，钩1个锁针扣眼。然后在前片的肩部下一点，钉上纽扣。衣服完成。

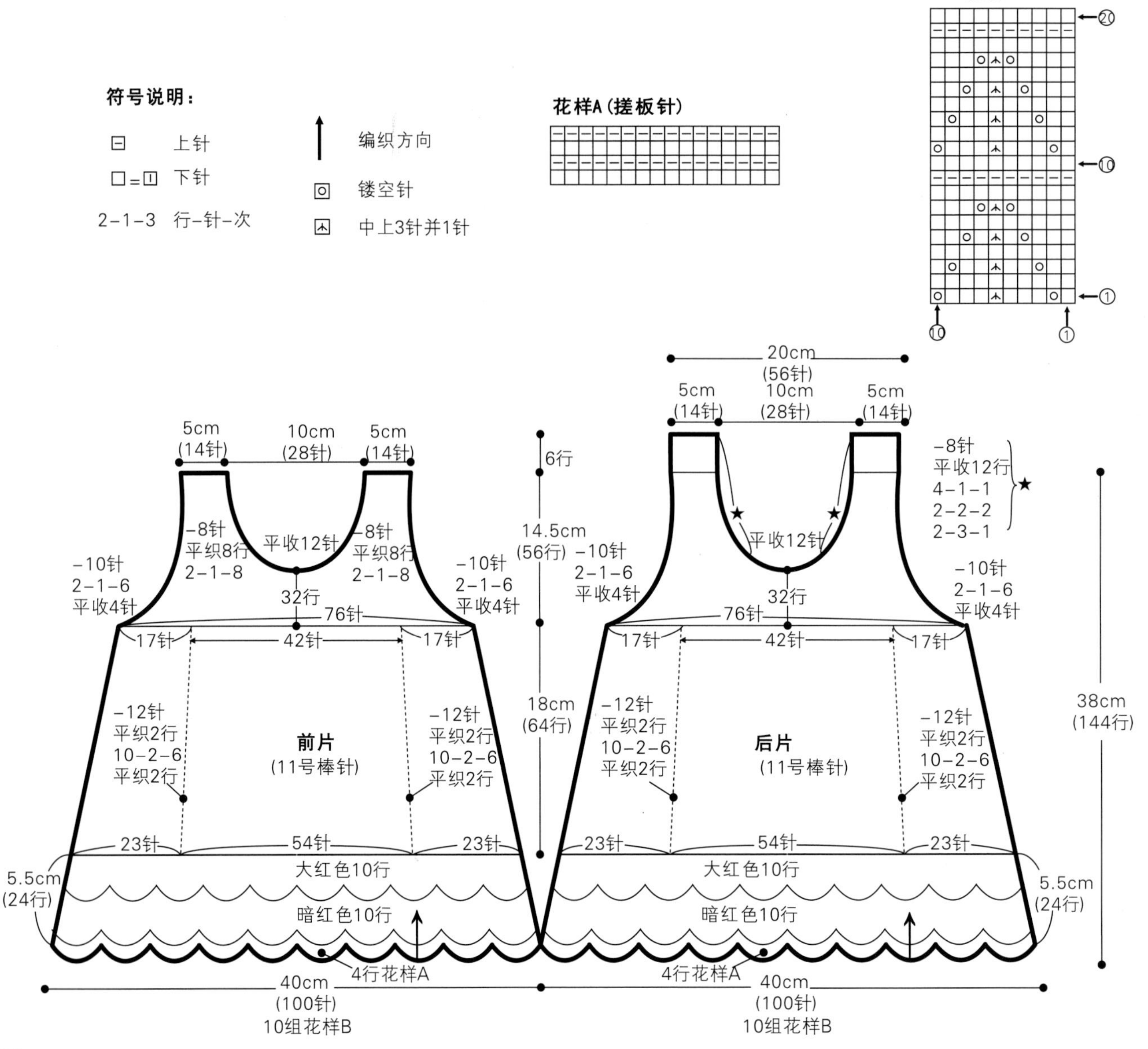

作品23

【成品规格】衣长44cm，胸围60cm，袖长12cm

【编织密度】24针×30行=10cm×10cm

【工　　具】10号棒针

【材　　料】蓝紫色毛线400g

【编织要点】

1.后片：起96针织7行狗牙后再花样织34行，上面全部织平针。裙体边织边在两侧按图示减针，织96行后开始织挂肩，腋下先各平收4针，再依次减针，织38行后开始织后领窝，将中心的22针平收，分左右织并减针，肩平收。

2.前片：织法同后片。挂肩织22行后开始织领窝，将中心18针平收，分左右片织并按图示在领口减针，减针完成后继续织16行，肩平收。

3.袖：全部织花样。起52针织狗牙针7行后织花样，并在两边各加3针后织袖山，按图示减针完成最后14针平收。

4.领：缝合各片，挑针织领。沿领窝挑84针织狗牙7行，对折向里缝合，完成。

5cm（12针）12cm（28针）5cm（12针）

领减针
2-1-1
2-2-2

2cm（6行）

减针
2-1-4
2-2-1
平收4针

-10针

30cm（72针）

后片

减针
8-1-12

织平针

10号针织花样

34行

40cm（96针）

14cm（42行）

30cm（96行）

5cm（12针）12cm（28针）5cm（12针）

7cm（20行）

领减针
平织16行
2-2-1
2-3-1
平收18针

-8针

30cm（72针）

前片

减针
8-1-12

织平针

10号针织花样

34行

40cm（96针）

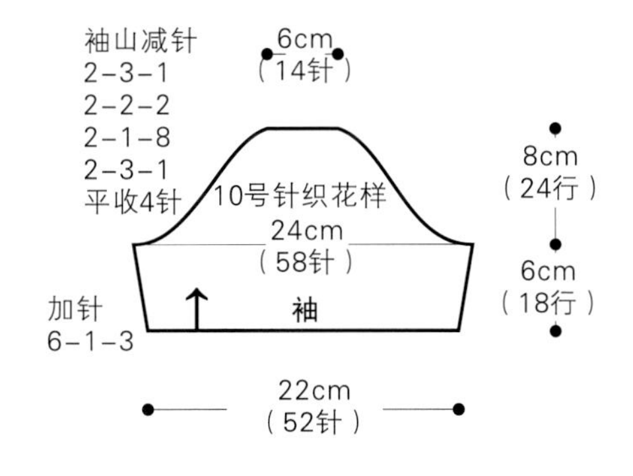

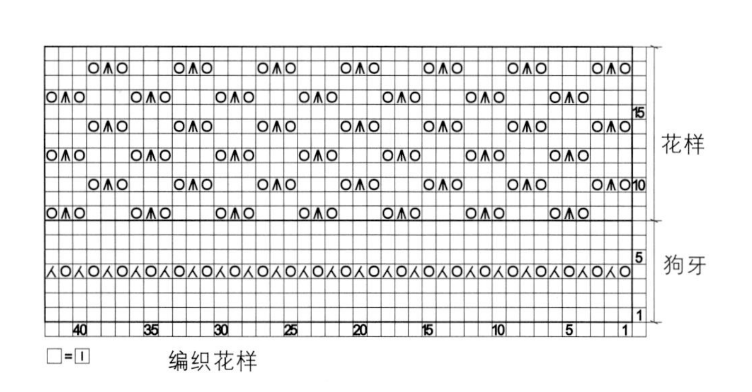

编织花样

领

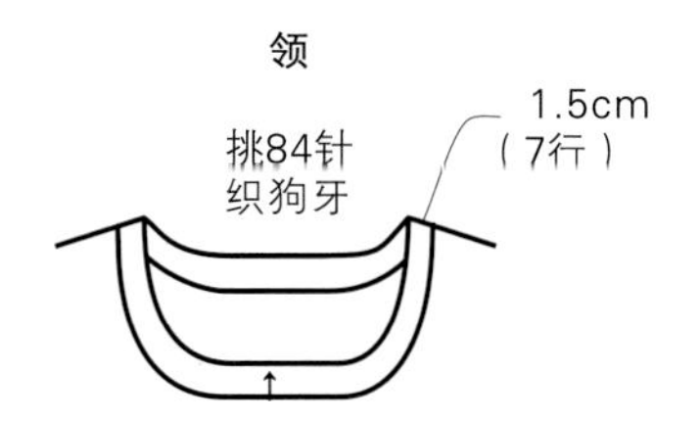

符号说明：

O = 加针

Λ = 中上3针并1针

作品24

【成品规格】衣长50cm，胸围60cm，连肩袖长10cm

【编织密度】24针×30行=10cm×10cm

【工　　具】10号棒针

【材　　料】紫罗兰色毛线250g

【编织要点】

整个衣服圈织。

1.下摆：起244针按边缘花样织，先起8行起伏针，然后织9行平针，在最后一行每4针减1针减60针最后为184针，织1行上针。开始织裙身。

2.裙身：将184针均分前后片各92针，织平针，并在裙两减针，每8行减1针前后片各减24针后开始织挂肩。

3.挂肩：挂肩全部织起伏针，先在袖口位置各加出48针，然后开始往上织，前片从中心处分开，在袖口和身片的交界处以2针为径减针，每2行减1针各减20次后，平收，完成。

4.用1根带子沿腰穿过点缀，完成。

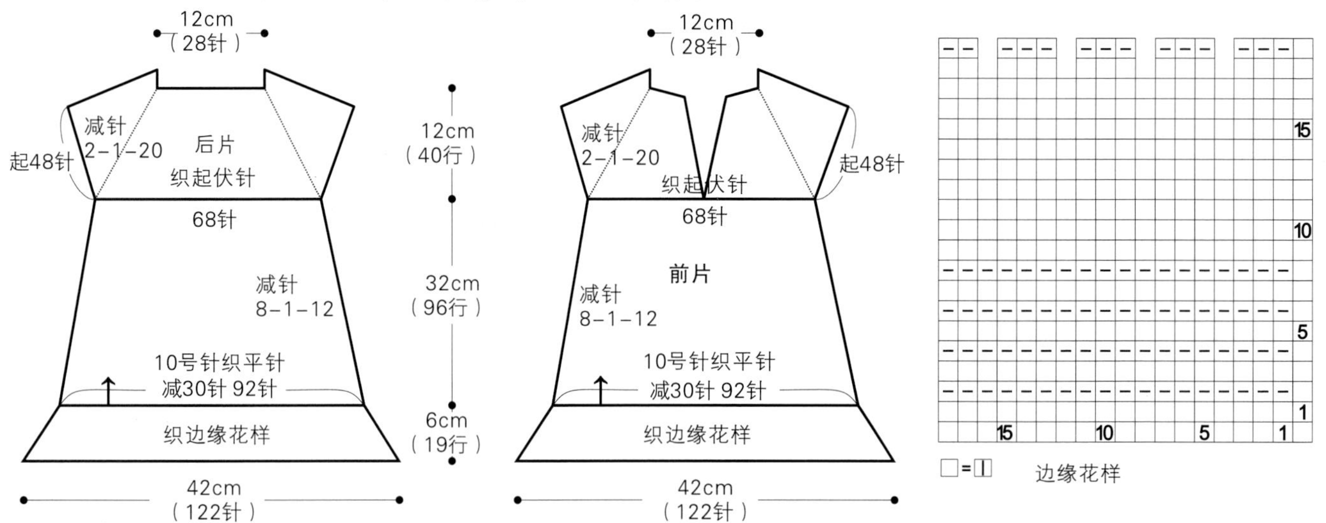

作品25

【成品规格】衣长35cm，胸宽24cm，肩宽20cm

【工　　具】三燕牌11号棒针

【编织密度】36针×36行=10cm×10cm

【材　　料】粉红色细羊绒线3团共150g，米色少许，灰色少许

【编织要点】

1.棒针编织法。从下摆起织，圈织，至袖窿分成前后片。

2.袖窿以下的编织。圈织，下针起针法，用粉红色线起200针，起织花样A，不加减针，织18行，在下一行里，每15针减1针，1圈减少12针，总针数减少为188针，然后起织花样B，并在侧缝上进行减针，一侧每8行减2针，减7次，织成56行，然后平织4行结束花样B编织。将衣摆的18行对折缝合。然后花样B后下一行全改织花样C，不加减针，织10行的高度，下一行起，全改织花样D，不加减针，织6行后，开始分袖窿。分成前后两半各自编织。每一片针数为80针。

3.袖窿以上分片编织，分为前片和后片，先织前片。两边袖窿减针，各先收针4针，然后2-1-6织成袖窿算起28行的高度时，下一行中间选12针收针，然后两边减衣领边，2-1-8平织10行后，开始织斜肩，8针退1次针，退2次，织成4行，肩部余下16针，收针断线。另一边前片织法相同。后片的织法。袖窿减针与前片相同。衣领在织至第52行时开始收针，中间收26针，斜肩同时也开始退针编织，织法与前片相同。领片两边减针，2-1-1平织2行后，肩部余下16针，收针断线。完成后将前后片的肩部对应缝合。

4.袖片的编织。两个短袖。从袖口起织，下针起针法，起70针，起织花样A，织18行后，对折缝合。下一行起，在袖侧缝上加针，4-1-3，1圈加2针。织成12行花样B，下一行起减袖山。两边减针，各收针4针，然后依次减针，4-2-1、2-2-1、4-2-4。然后从边收针，收3针，织成2行。最后余下38针，收针断线。相同的方法编织另一个袖片。

5.领片的编织。沿着前后衣领边，用粉红色线，挑出110针，起织花样E搓板针，不加减针，织8行后收针。然后在第一行里，用米色线，挑出110针，织4圈下针后收针。最后在花样D里，用深色线，依照图解圈住的位置，错落将两个点的下针扎紧在一起。衣服完成。

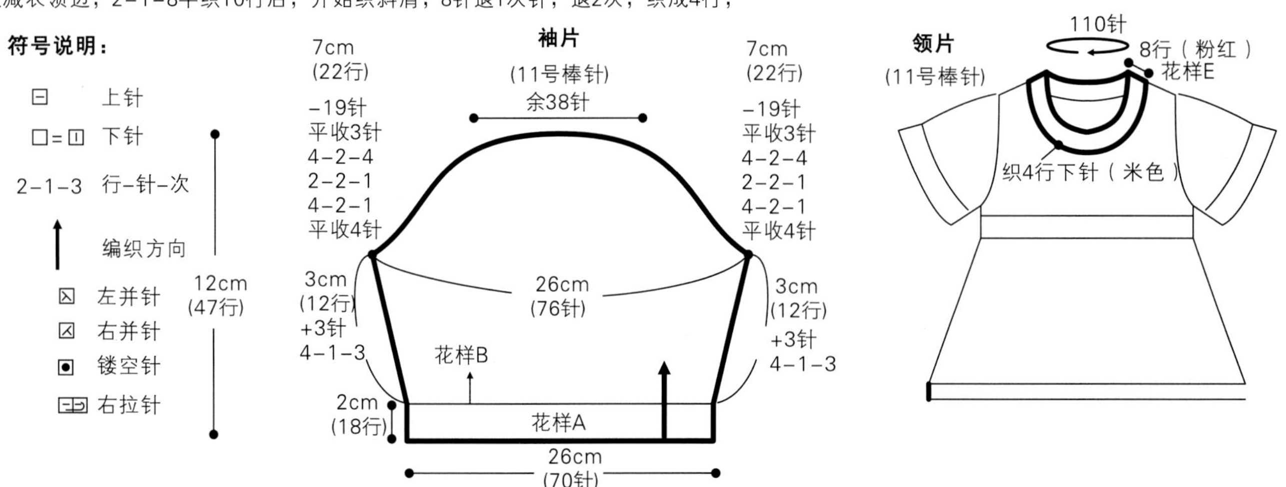

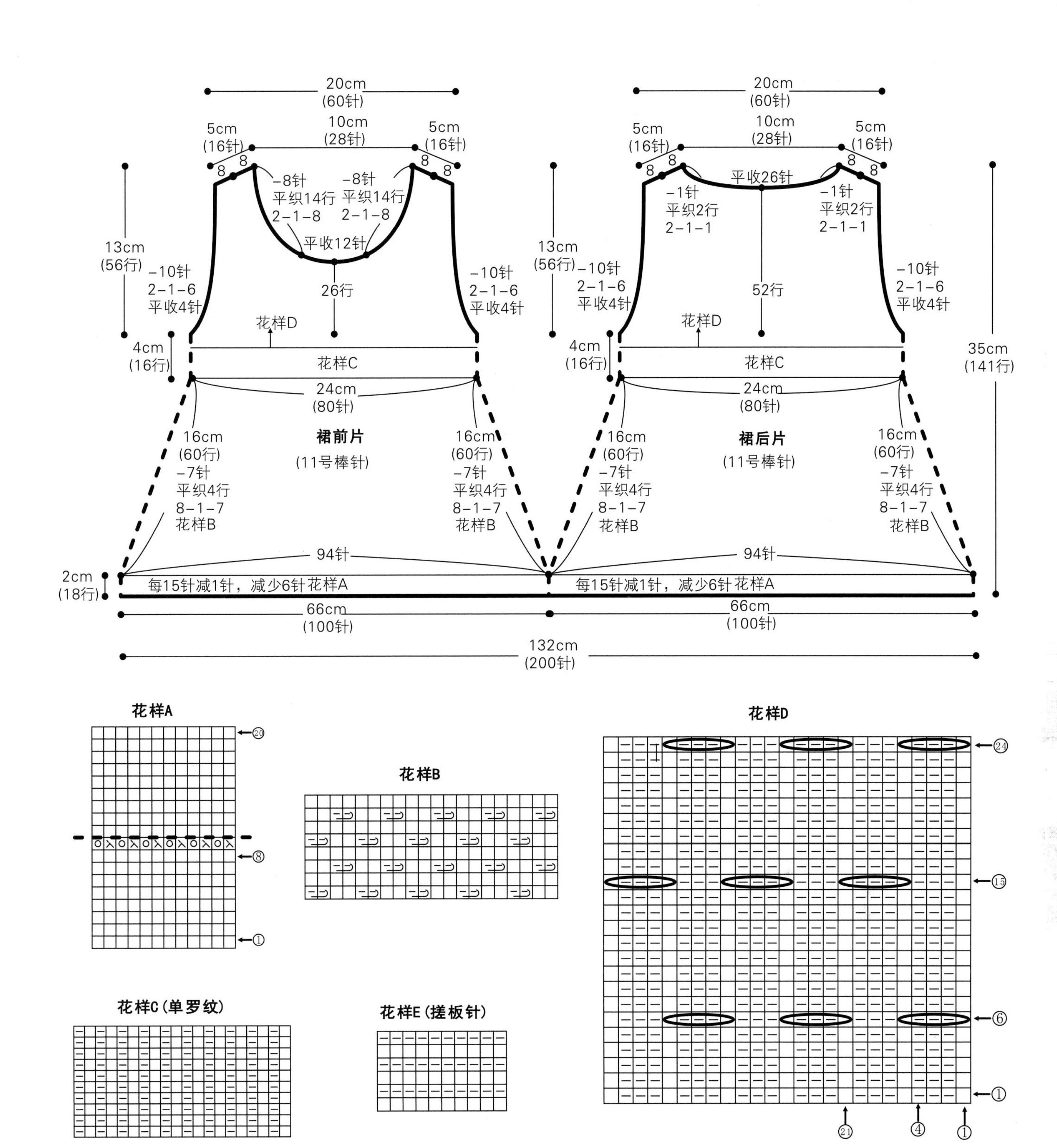

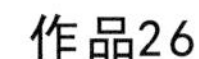

作品26

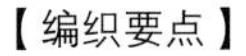

【成品规格】衣长30cm，胸围60cm，袖长26cm

【编织密度】17针×22行=10cm×10cm

【工　　具】8号棒针

【材　　料】毛线300g，纽扣3颗

【编织要点】

1.后片：起52针织起伏针，织36行后开袖窿，每2行减1针减4次，织26行后肩织引返编织成斜肩，后领窝留1.5cm，中心14针平收，两边每2行减1针减3次。

2.前片：左片，起32针织起伏针，织法同后片，挂肩织10行后开始织领窝，按图示减针完成后不加不减织6行，肩织法同后片。右片，起24针，织法同左片。织38行开始织领，每2行减3针减2次，每2行减2针减1次，最后平织6行。

3.袖：起8针，两边每2行各加4针，加至40针后开始织袖筒，每6行在两边各减1针，最后平织12行收针。

4.整理：缝合各片，用毛线绳编成辫子做纽扣襻，缝合在前片位置，完成。

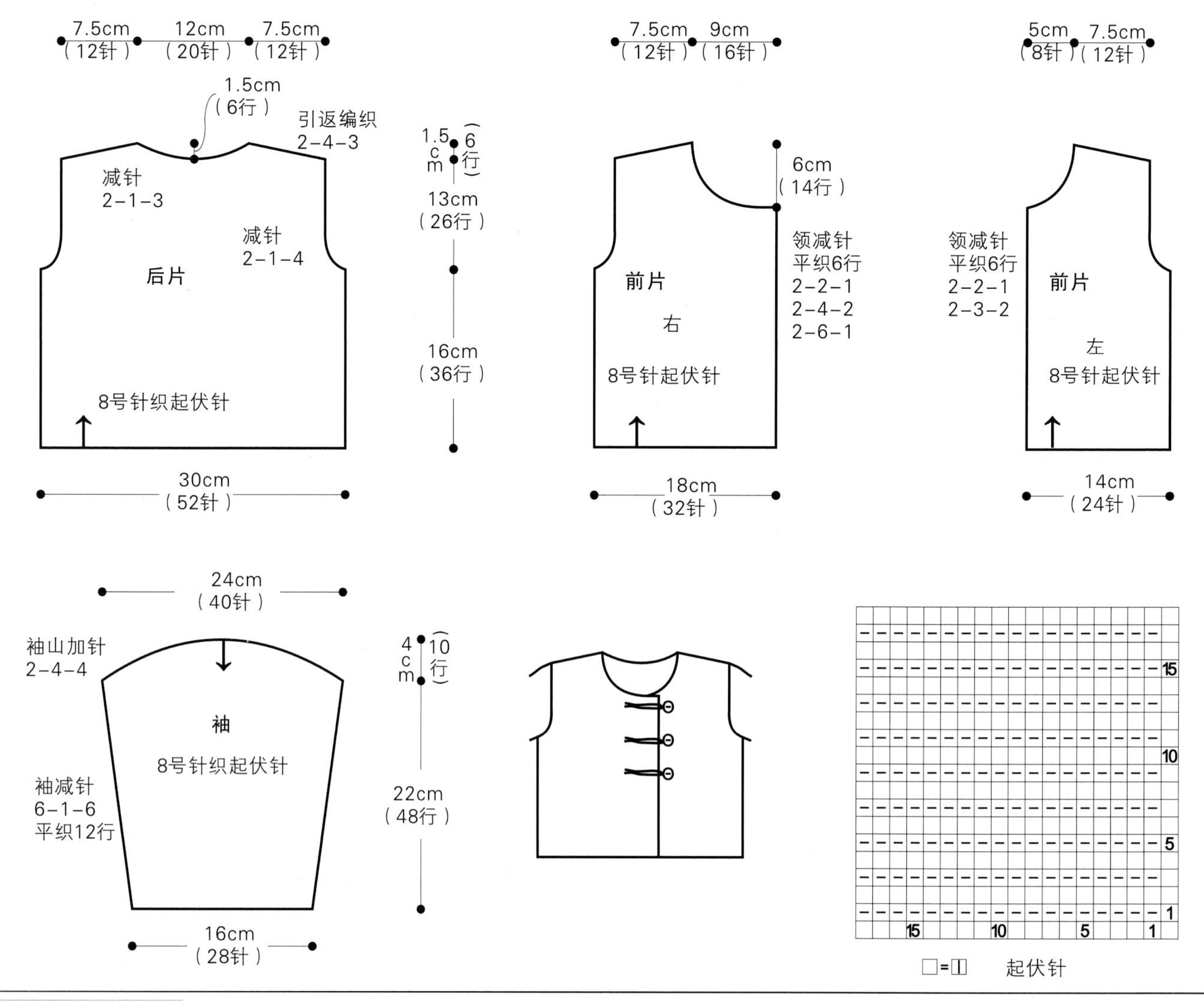

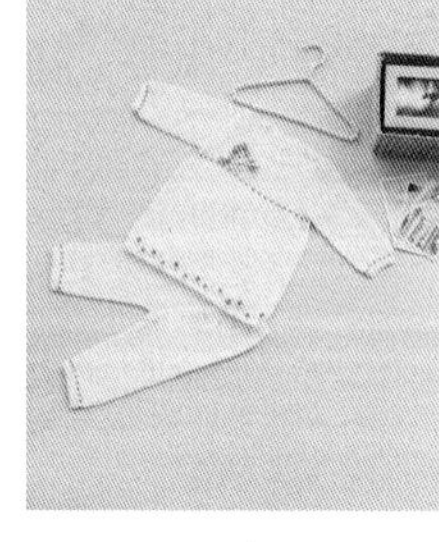

作品27

【成品规格】衣长39.5cm，胸宽28cm，袖长25cm，裤长44.5cm

【工　　具】三燕牌11号棒针(织衣身)，12号棒针(织领袖边)

【编织密度】下针：30针×47行=10cm×10cm
花样B：28针×39行=10cm×10cm

【材　　料】九色鹿[9102]，[1001]米色毛线300g，蓝色少量

符号说明：

- ⊟ 上针
- □=⊡ 下针
- 2-1-3 行-针-次
- ↑ 编织方向
- ⋏ 中上3针并1针
- ⋌ 左并针
- ⋋ 右并针
- ⊙ 镂空针

【编织要点】

1.棒针编织法。分为前片、后片和两个袖片。

2.前片的编织。下摆起织。下针起针法，起104针，起织花样A搓板针，不加减针，织8行，然后改织花样B，平织94行，下一行分散减针，共减少18针，织片针数余下86针，起织下针，平织12行后，至袖窿减针，两侧收针7针，然后2-1-5当织成袖窿算起26行后，开始减衣领，中间平收16针后，两边各自减针，2-3-1、2-2-2、2-1-2，右片平织18行后，肩部余下14针，收针断线。另一边左片，减针后平织8行后，改织花样A。平织10行后收针，在第4行中间1针上织1个扣眼。

3.后片的编织。袖窿以下的编织与前片相同，袖窿起减针，两边袖窿同时收针，两侧收7针，然后2-1-5当织成袖窿算起48行后，开始减衣领，下一行中间收针30针，两边进行减针，2-1-2各减少2针，平织2行后，织成6行高。肩部针数余下14针，左侧收针断线，右边继续编织，织花样A。平织10行后收针。左肩不缝合，用纽扣连接。右边肩部对应缝合。再将侧缝对应缝合。

4.袖片的编织。袖口起织，起44针，起织花样A。不加减针，织8行，在最后一行里，分散加12针，加成56针，下一行起起织花样C，并在两侧袖侧缝上加针，8-1-7、10-1-1各加8针，平织10行后，织成76行，加成72针，下一行两侧袖山减针，两边各收7针，2-1-14织成28行高后，余下30针，收针断线。相同的方法去编织另一个袖片，并将袖山边线与衣身袖窿边线进行缝合，再将袖侧缝对应缝合。

5.领片的编织。前衣领挑60针，后衣领挑36针，织10行花样A，左肩衣领侧端制作一个扣眼。上衣完成。

6.裤子的编织。从裤腰起织，起机器边，起168针，织空心针，织10行后合并，一圈减少8针，余下160针，起织下针，平织62行，在裤裆分2针加针，2-1-7前后同时加针，再以裤裆中心为边缘，将裤子一分为二进行编织，圈织，并在加针的位置上进行减针，依次减，2-1-7、8-1-8平织8行后，织成84行，余下64针，改织花样A，并一圈减少6针，余下58针，平织8行后，收针，断线。相同的方法去编织另一边裤管。最后，用蓝色线，在裤管口用十字绣的方法，绣上1圈花样，裤子完成。上衣的花样B与下针连接处，也绣上1圈，最后根据花样D。钩织13朵小花，缝合于前片下摆处的镂空花样上。

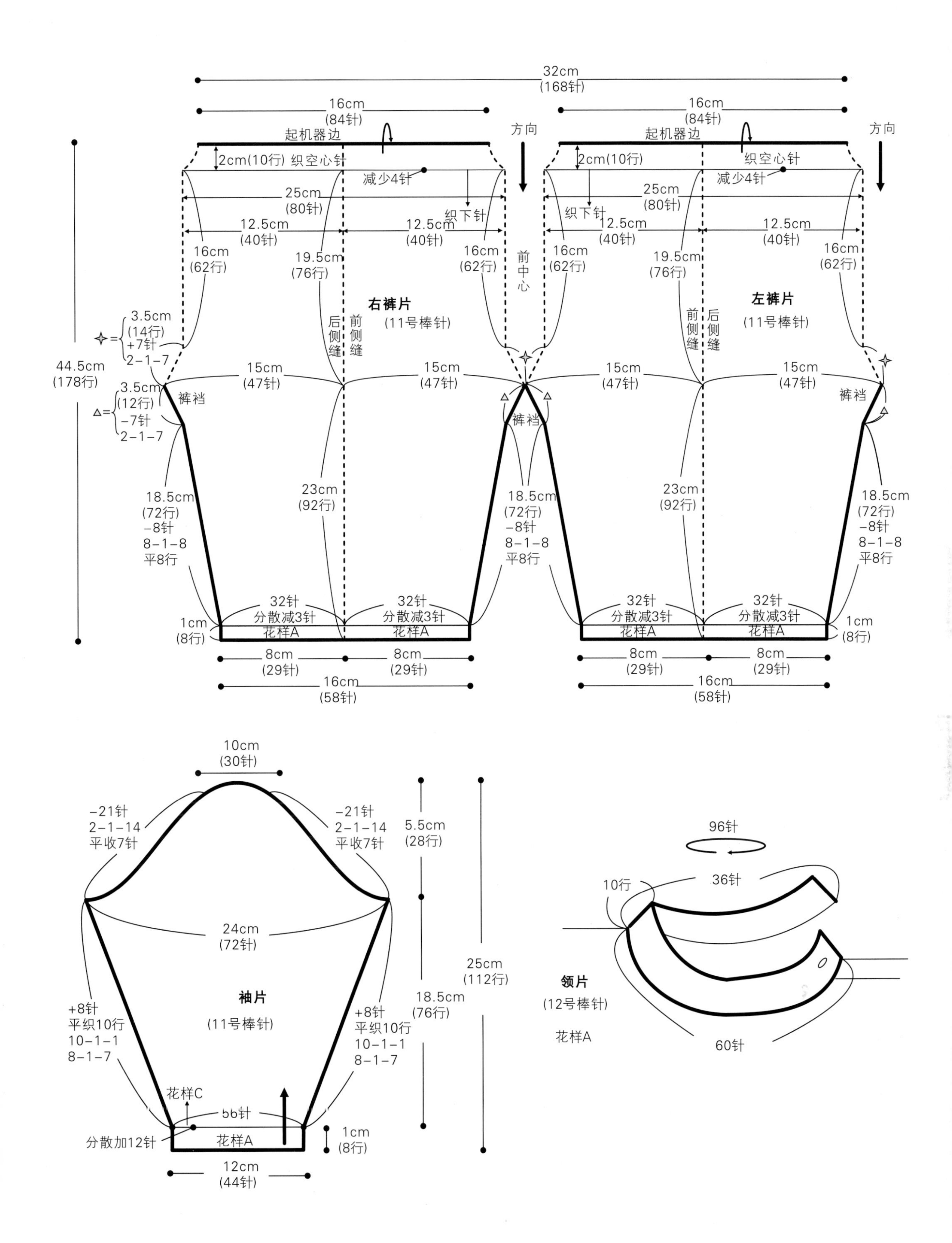
32cm
(168针)
16cm
(84针)
起机器边
方向
2cm(10行) 织空心针
减少4针
25cm
(80针)
织下针
12.5cm
(40针)
16cm
(62行)
19.5cm
(76行)
前中心
右裤片
(11号棒针)
左裤片
后侧缝
前侧缝
3.5cm
(14行)
+7针
2-1-7
44.5cm
(178行)
15cm
(47针)
3.5cm
(12行)
-7针
2-1-7
裤裆
23cm
(92行)
18.5cm
(72行)
-8针
8-1-8
平8行
32针
分散减3针
花样A
1cm
(8行)
8cm
(29针)
16cm
(58针)
10cm
(30针)
-21针
2-1-14
平收7针
5.5cm
(28行)
24cm
(72针)
25cm
(112行)
袖片
(11号棒针)
+8针
平织10行
10-1-1
8-1-7
18.5cm
(76行)
花样C
56针
分散加12针
花样A
1cm
(8行)
12cm
(44针)
96针
10行
36针
领片
(12号棒针)
花样A
60针

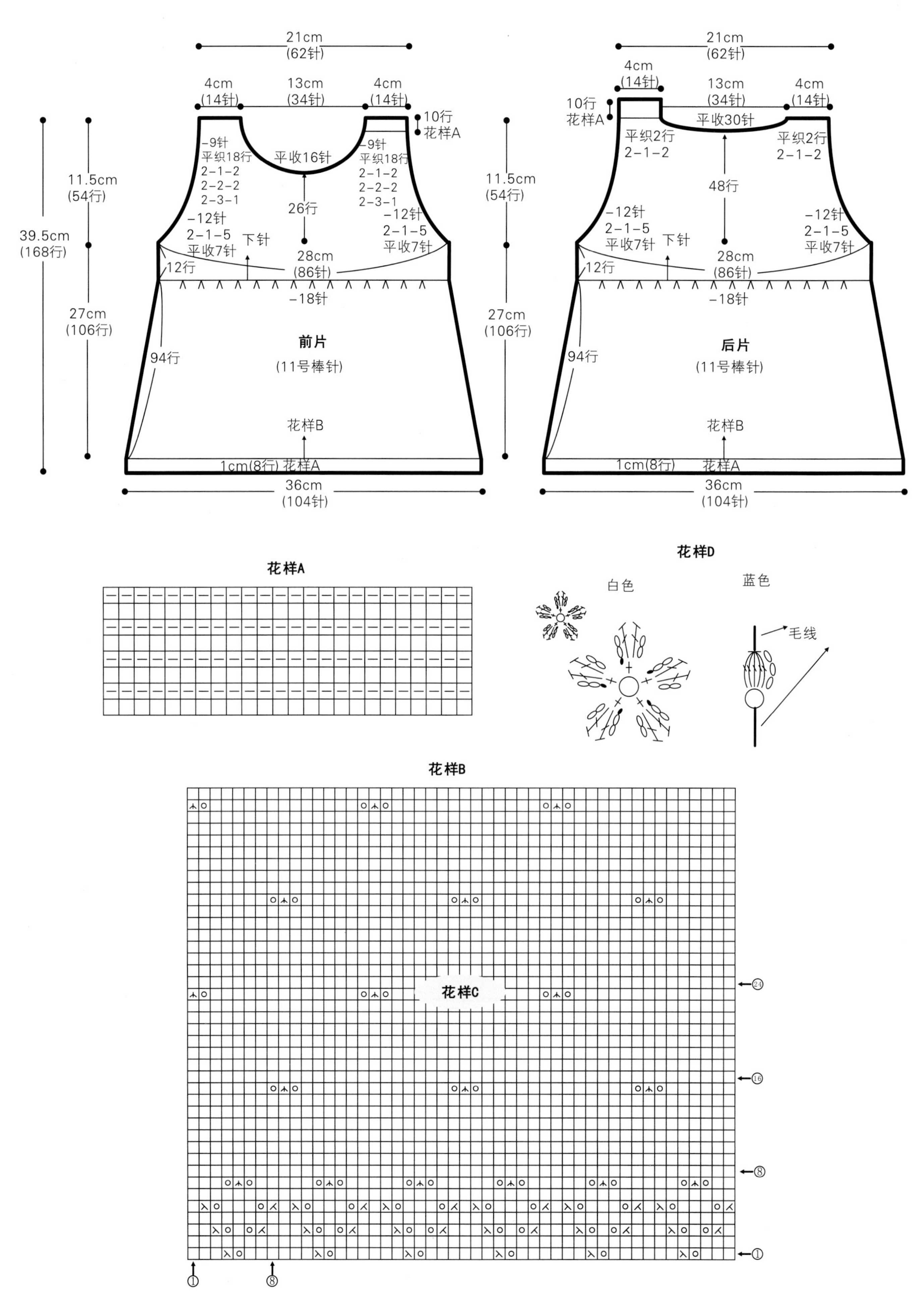
21cm
(62针)
4cm
(14针)
13cm
(34针)
4cm
(14针)
10行
花样A
-9针
平织18行
2-1-2
2-2-2
2-3-1
平收16针
26行
-12针
2-1-5
平收7针
下针
28cm
(86针)
12行
-18针
11.5cm
(54行)
39.5cm
(168行)
27cm
(106行)
94行
前片
(11号棒针)
花样B
1cm(8行) 花样A
36cm
(104针)
平收30针
平织2行
2-1-2
48行
后片
花样A
花样D
白色
蓝色
毛线
花样B
花样C
㉔
⑯
⑧
①

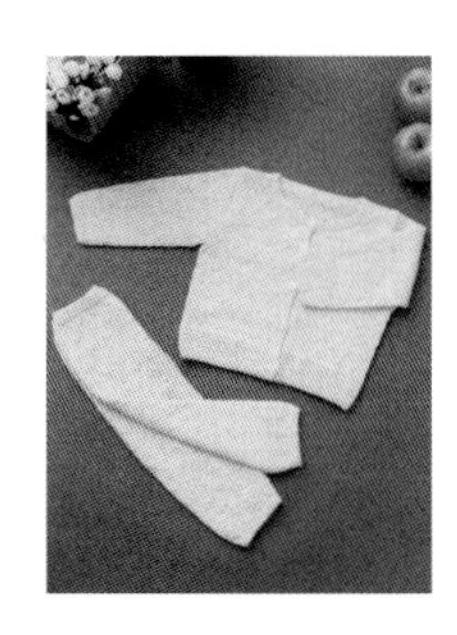

符号说明：

符号	说明
⊟	上针
□=▯	下针
2-1-3	行-针-次
↑	编织方向
⋈	两针交叉

作品28

【成品规格】 衣长30.5cm，胸宽26cm，袖长24cm

【工　　具】 三燕牌13号棒针(织衣身)，14号棒针(织领袖边)

【编织密度】 41.5针×52行=10cm×10cm

【材　　料】 快乐童年[9183]，[3111]黑色280g，纽扣5颗

【编织要点】

1.棒针编织法。分为上衣和裤子，上衣分为衣身1片和2个袖片各自编织。

2.衣身的编织。袖窿以下一片编织，袖窿以上分为左右前片和后片各自编织。下摆起织，下针起针法，起216针，起织花样A搓板针，平织10行，然后依照花样B排花样编织，平织18行，然后依照花样C排花样编织，平织64行至袖窿。下一行起分成左右前片各54针，后片108针，各自编织。

3.前片的编织。分为左前片和右前片，把54针分出来，继续编织花样C衣襟部分继续平织，袖窿边减针，先平收7针，然后2-1-5当织成袖窿算起30行后，开始减前衣领边，平收5针，然后2-4-1、2-3-2、2-2-3、2-1-3最后平织12行，至肩部余下18针，收针断线。相同的方法去编织另一边左前片。

4.后片的编织。两边袖窿同时收针，先平收7针，然后2-1-5当织成袖窿算起56行的高度时，下一行中间收针44针，两边进行减针，2-1-2，各减少2针，织成4行高。肩部针数余下18针，收针断线，分别与前片的肩部对应缝合。

5.袖片的编织。袖口起织，起56针，起织花样A。不加减针，织10行，下一行起织花样B，并在两侧袖侧缝上加针，6-1-14，各加14针，平织2行后，加成66针，花样B编织18行后，改织花样C至肩部。下一行两侧袖山减针，两边各收7针，然后2-1-18，织成36行高后，余下34针，收针断线。相同的方法去编织另一个袖片，并将袖山边线与衣身袖窿边线进行缝合。再将袖侧缝对应缝合。

6.衣襟和领片的编织。先编织衣襟，沿衣襟边挑93针，起织花样A，织10行的高度后收针。右衣襟编织4个扣眼。在第4行的位置编织。扣眼相隔针数见结构图所示。再编织衣领，前衣领加衣襟侧边，各挑44针，后衣领挑58针，起织花样A，织10行后收针。右衣领侧边，第5行第4针的位置织1个扣眼。上衣完成。

7.裤子的编织。从腰间起织，起机器边，起216针，织空心针，织10行后合并，一圈减少28针，余下186针，平织40行，开始分后裤裆，在裤裆上，选6针为中心，在这6的前后，叠加挑织6针，起织花样A搓板针。即先在这6针上，起织花样A，然后织完余下的182针，回到这6针时，在里面或外面，重新挑出6针，所有针数加成188针，来回编织，平织14行后，开始分前裤裆。在后裤裆中心，选出6针，与前裤裆一样，织6针花样A搓板针，此时，需要将裤子一分为二，分为左裤片和右裤片，各自单独编织。原来的182针下针里，取中心6针，织花样A搓板针，那么，在花样A之间的花样，共88针。以左裤片为例，6针搓板针加88针下针加6针搓板针，共100针，往返编织，平织80行后，花样A结束编织，将两侧的6针搓板针合并在一起，形成裤管，圈织，在6针的中心2针上进行减针，8-1-5、2-1-5织成50行后，平织4行结束下针的编织。下一行起，一圈分散减10针，余下64针，起织花样A，平织10行后，收针断线。相同的方法去编织另一边裤片。裤子完成。

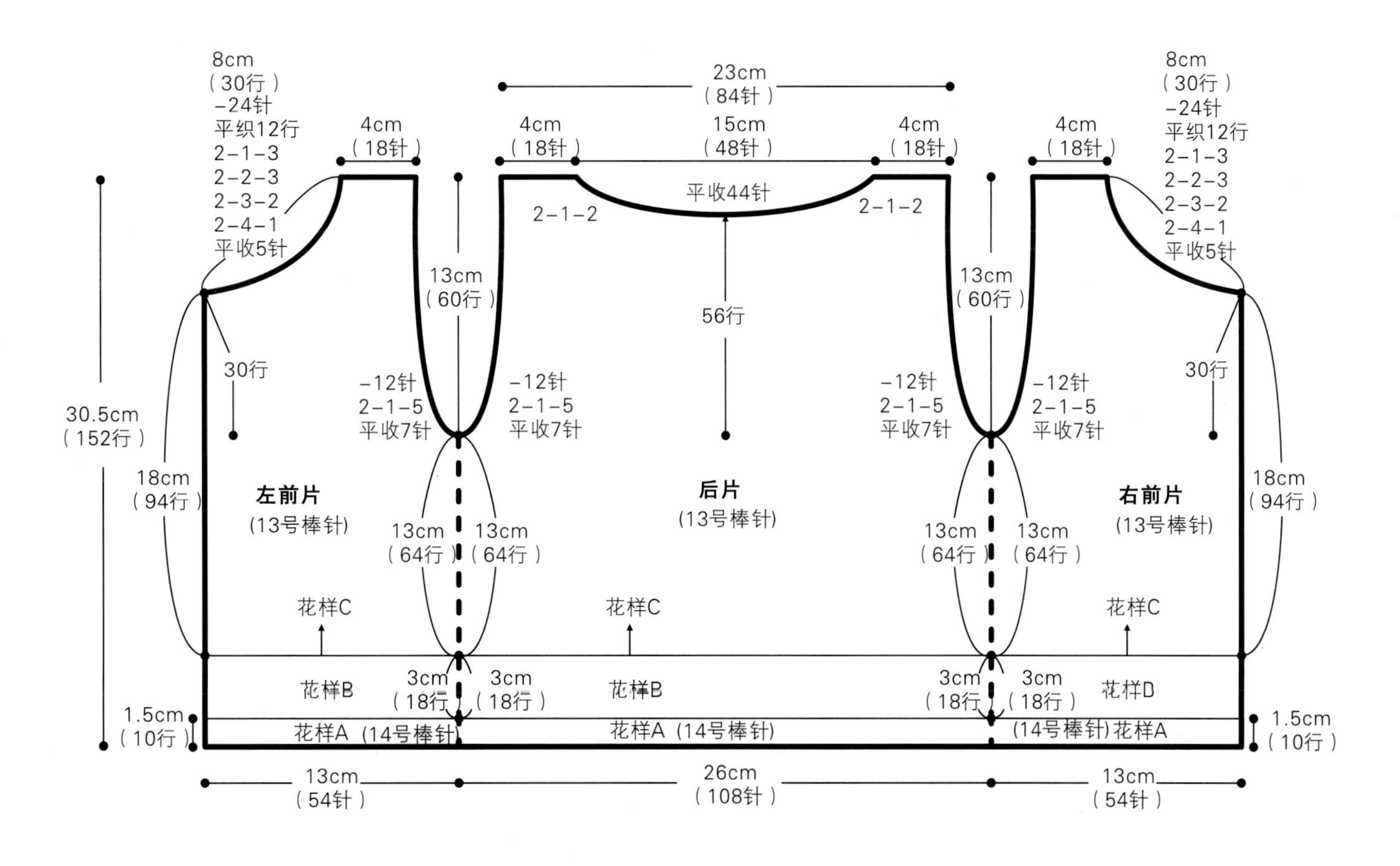

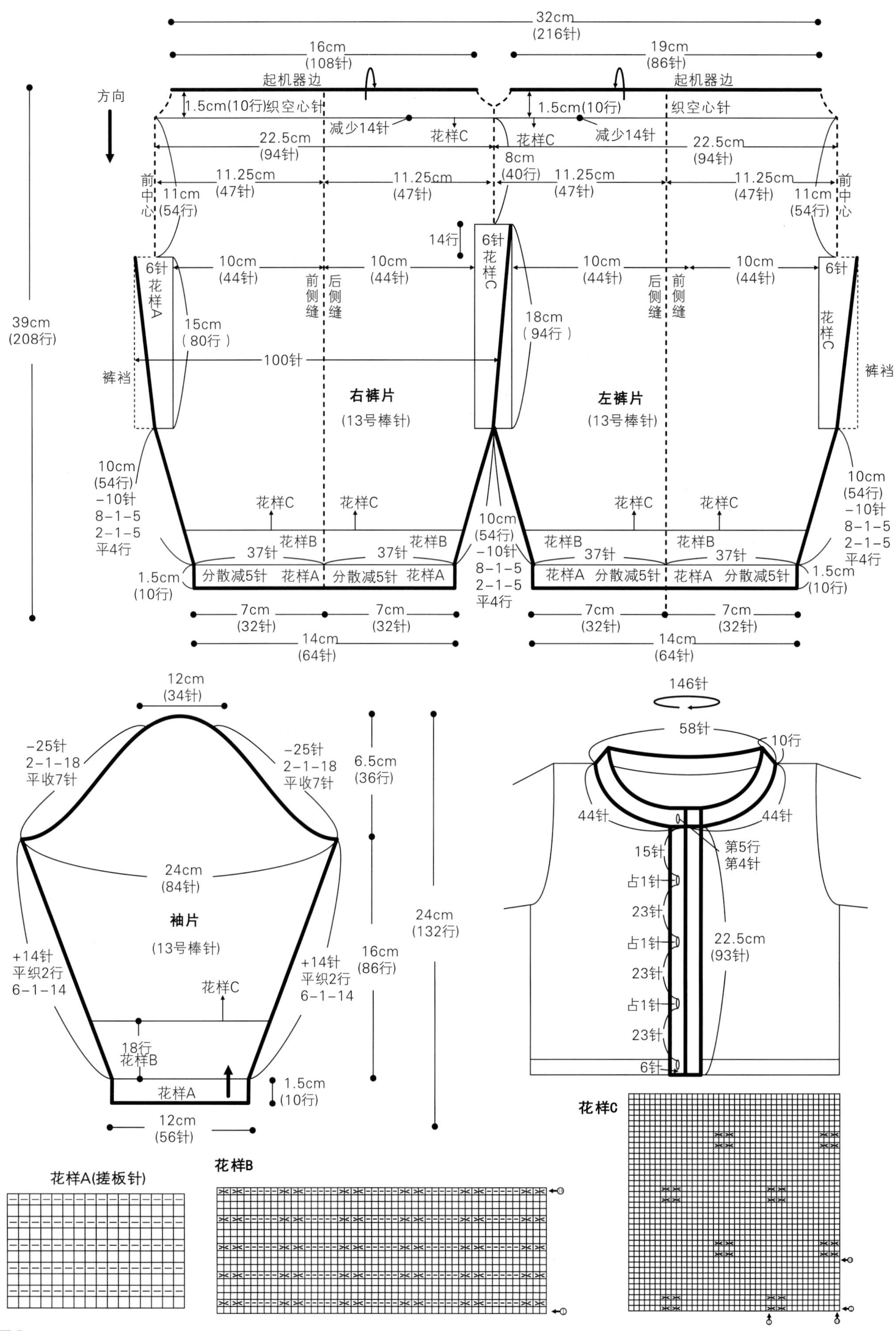
32cm
(216针)
16cm
(108针)
19cm
(86针)
起机器边
方向
1.5cm(10行)织空心针
1.5cm(10行)
织空心针
减少14针
花样C
22.5cm
(94针)
8cm
(40行)
11.25cm
(47针)
前中心
11cm
(54行)
14行
6针
花样A
花样C
10cm
(44针)
前侧缝
后侧缝
15cm
(80行)
18cm
(94行)
39cm
(208行)
100针
裤裆
右裤片
(13号棒针)
左裤片
(13号棒针)
10cm
(54行)
-10针
8-1-5
2-1-5
平4行
花样B
37针
分散减5针
1.5cm
(10行)
7cm
(32针)
14cm
(64针)
12cm
(34针)
-25针
2-1-18
平收7针
6.5cm
(36行)
24cm
(84针)
袖片
(13号棒针)
+14针
平织2行
6-1-14
16cm
(86行)
24cm
(132行)
18行
12cm
(56针)
146针
58针
10行
44针
15针
第5行
第4针
占1针
23针
22.5cm
(93针)
6针
花样A(搓板针)
花样B

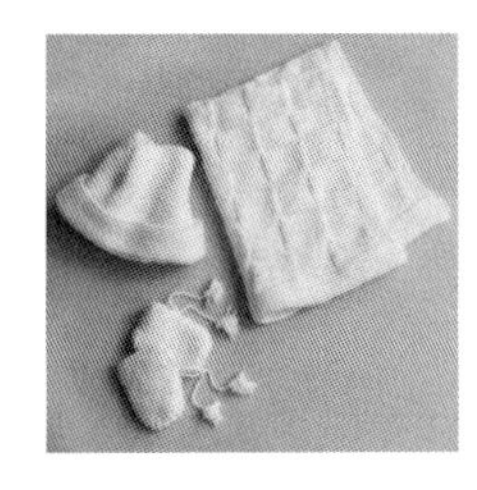

作品29

【成品规格】见图

【编织密度】16针×20行=10cm×10cm

【工　　具】8号棒针

【材　　料】米色毛线1000g

【编织要点】

1.毯子：起98针织起伏针10行后，两边各8针继续织起伏针，中间交替织下针和上针方块，织够长度后，织10行起伏针平收。

2.帽：起针织起伏行，平收，折合帽顶缝合四条边的中心点。

3.手套：起针织起伏针26行后中间留出手指位置，然后用线穿起抽紧，对折缝合侧边上下。另用线做成穗子，点缀。完成。

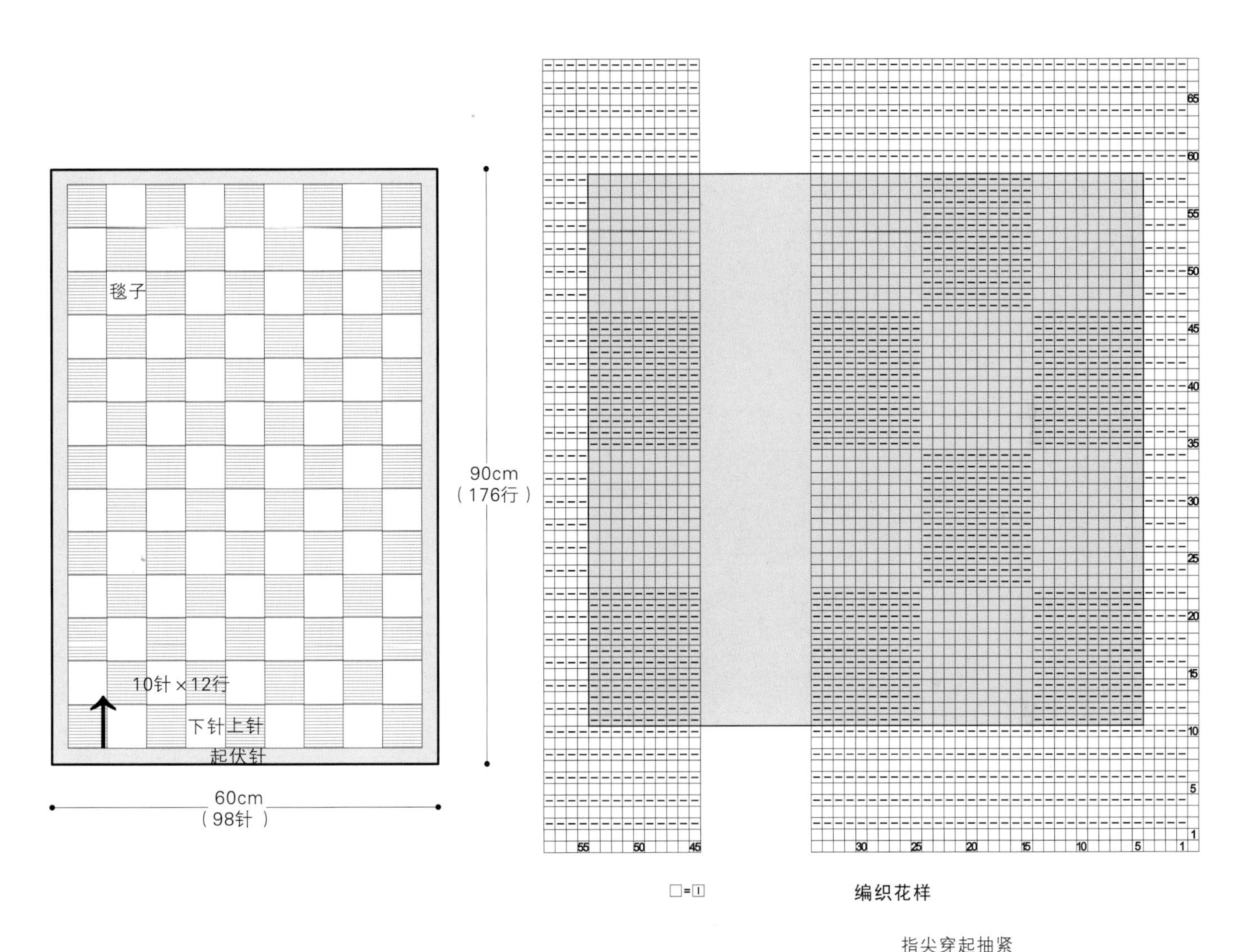

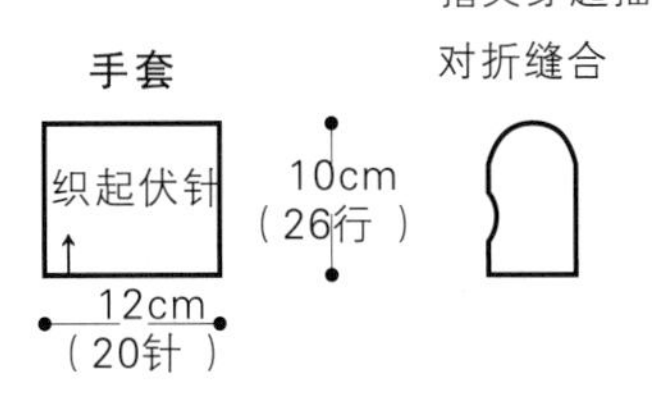

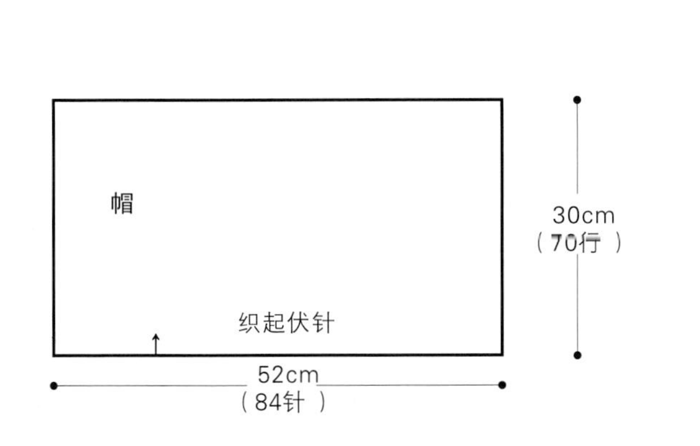

作品30（1）背心&鞋

【成品规格】 衣长53cm，胸宽31cm，肩宽15cm

【工　　具】 三燕牌11号、12号棒针

【编织密度】 28针×37.5行=10cm×10cm

【材　　料】 织美堂橙色细羊绒线3团共150g，咖啡色少许

【编织要点】

1.背心的编织。棒针编织法。袖窿以下圈织，袖窿以上分为前片，后片编织。无袖。用11号针编织。

①袖窿以下的编织。圈织，下针起针法，起200针，起织花样A搓板针，不加减针，织10行，下一行起全织下针，分前片与后片，在每片的如结构图所示的位置上进行减针，平织14行后，开始减针，将3针并为1针，一次减少2针，每10行减一次，10-2-6减少12针，织成60行后，平织12行至袖窿分片。

②袖窿以上分片编织，分为前片和后片，袖窿起改织花样D。先织前片。两边袖窿减针，各先收针4针，然后2-1-6各减少10针，织成袖窿算起32行的高度时，下一行中间选12针收针，然后两边减衣领边，2-3-2、2-2-2、4-1-1，平织12行后，肩部余下11针，收针断线。后片的织法。袖窿减针，后片织法与前片相同，在减完衣领织成56行时，要将肩部再织10行的高度后，在倒数第4行的中间位置做1个扣眼。肩部余下11针，收针断线。将前后片的肩部用扣子系住。

③袖片和领片的编织。先编织领片。沿着前后衣领边，挑出120针，先用橙色线编织6行花样A搓板针后，再改用咖啡色线，编织2行后，收针。两边袖边，各挑70针，配色编织与领片相同，织8行后，收针断线。

5.鞋子的编织。从鞋底起织，用橙色线，起11针，3股细羊绒线。11号棒针。起织花样A搓板针，两边加针，2-1-2针数加成15针，然后平织20行后，两边减针，2-1-1然后平织14行后结束鞋底的编织。不收针，沿着鞋底边缘，共挑出76针起织鞋身。其中，位置鞋尖部分选出32针编织花样E双罗纹针，余下的44针继续编织搓板针，平织20行后，将32针双罗纹针收紧为1针，然后在这1针的两边各加2针，再将中心的2针并为1针，余下针数为44针，起织花样E双罗纹针，织20行后，收针断线。另外钩织1段40cm长的锁针辫子，穿过鞋帮作系带用。相同的方法去编织另一只鞋子。

符号说明：

符号	说明
⊟	上针
□=⊡	下针
2-1-3	行-针-次
↑	编织方向
(交叉符号)	左上2针与右下2针交叉

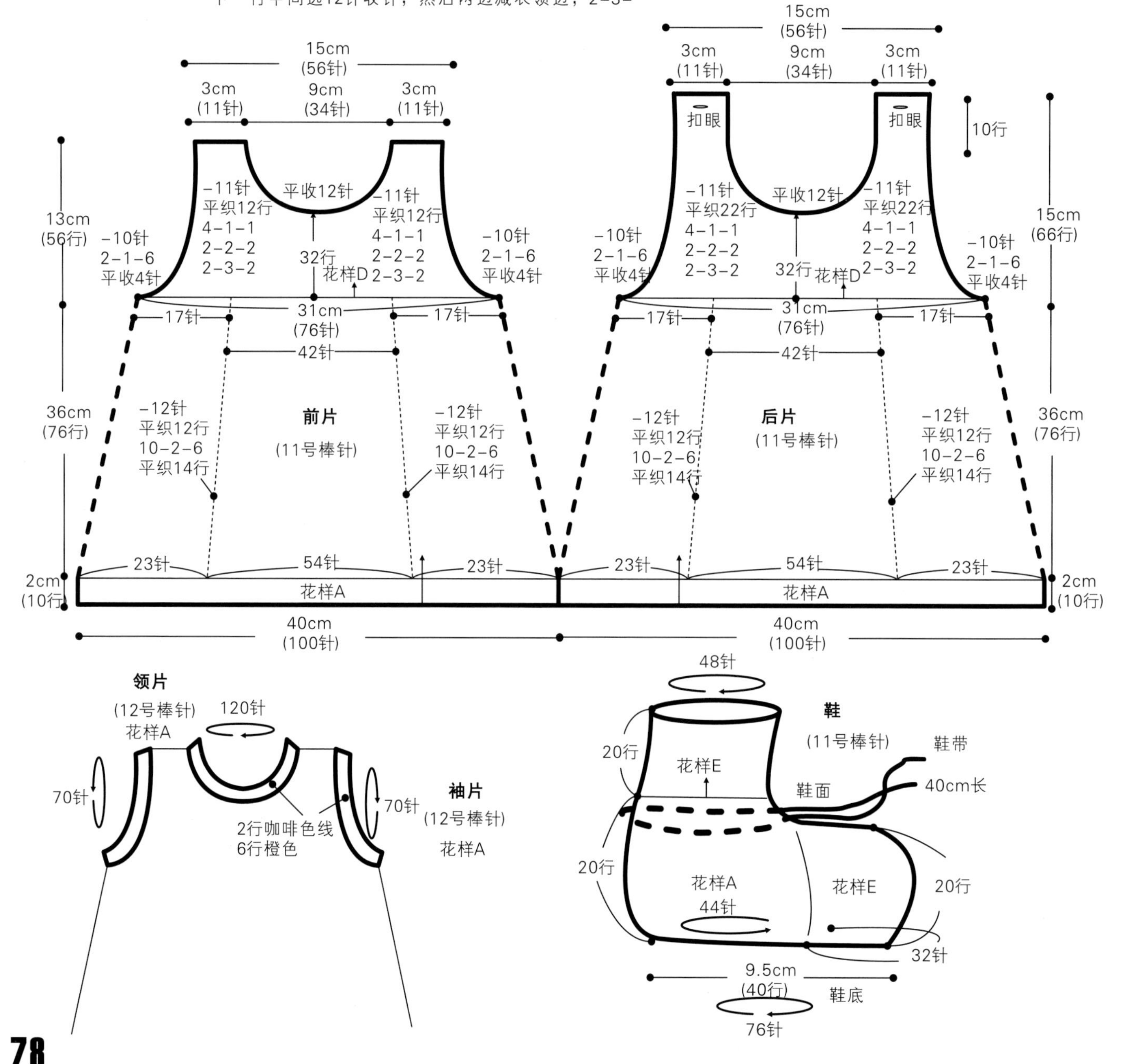

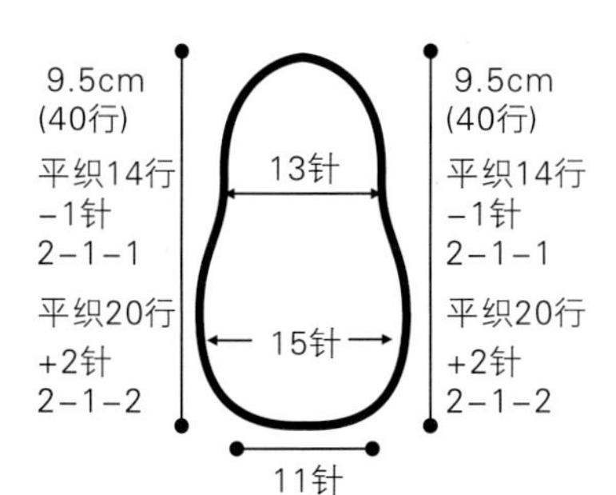

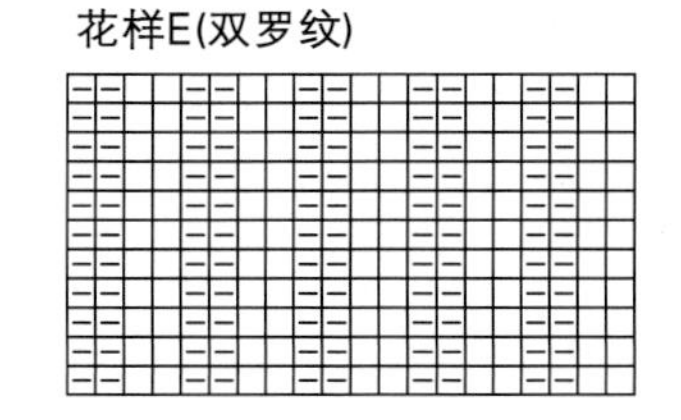

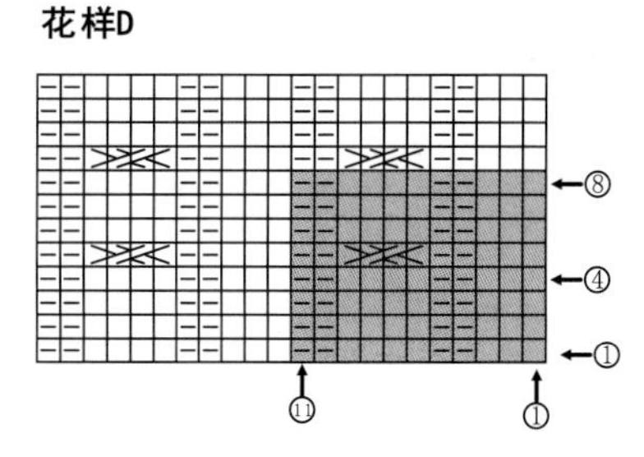

作品30(2)外套&围巾

【成品规格】 衣长30cm，胸宽30cm，肩宽24cm

【工　　具】 三燕牌11号、10号棒针

【编织密度】 28针×37.5行=10cm×10cm

【材　　料】 织美堂橙色细羊绒线200g，咖啡色少许，米色线少许，灰色线少许

【编织要点】

1.外套的编织。棒针编织法。分为前片与后片各自编织。从下往上织，用11号棒针。

①前片的编织。下摆起织，用咖啡色线，起84针，起织花样A搓板针，织2行后，改用橙色线继续织花样A搓板针，织8行后，改织下针，不加减针，织20行后，下一行开始编织图解，选中间的50针宽度织图解花样B，两边用橙色线继续织下针，各17针的宽度。不加减针，再织40行至袖窿，袖窿起减针，两边各收针4针，然后减针，2-2-1、4-2-1当织成袖窿算起26行的高度时，下一行中间收针，选16针收针。两边衣领减针，各减10针，减针方法依次为2-2-3、2-1-2、4-1-2平织4行后，开始减斜肩，8针退1次，共织4行，肩部余下16针，收针断线。相同的方法去编织另一边衣领和肩部。

②后片的编织。后片无图案编织，袖窿以下编织与前片相同。袖窿减针与前片相同。当织成袖窿算起48行时，衣领选32针收针，两边减针2-1-2，减衣领的同时也退织斜肩，方法与前片相同。最后肩部余下16针，收针断线。完成后，将前后片的肩部对应缝合。再将侧缝对应缝合。

③袖片的编织。从袖口起织，下针起针法，用咖啡色线，起56针，起织花样A，织2行后，改用橙色线，织花样A8行，然后改织下针，并在袖侧缝上加针，6-1-10织成60行后，加成76针，下一行两边袖山减针，各收针6针，然后2-2-1、4-2-4、2-3-2、2-4-1平织4行后，余下24针，收针断线。相同的方法去编织另一个袖片。完成后将袖山与衣身袖窿边线对应缝合，再将袖侧缝缝合。

④领片的编织。用橙色线，沿着前衣领边，挑出64针，后衣领边挑46针，共110针，用11号棒针，起织花样A，不加减针，织6行的高度后，改用咖啡色线，织2行花样A后收针断线。将钩好的动物眼睛和嘴缝上前片的图案上。衣服完成。

2.围巾的编织。用10号棒针下针起针法，起60针，圈织，全织下针，并依照花样C配色编织，重复4种颜色的交替编织，不加减针，织306行后，收针断线。最后用织美堂售卖的毛线球制作器，制作4个绒球，分别系于两边，各2个。

符号说明：

⊟ 上针

□=⊡ 下针

2-1-3 行-针-次

↑ 编织方向

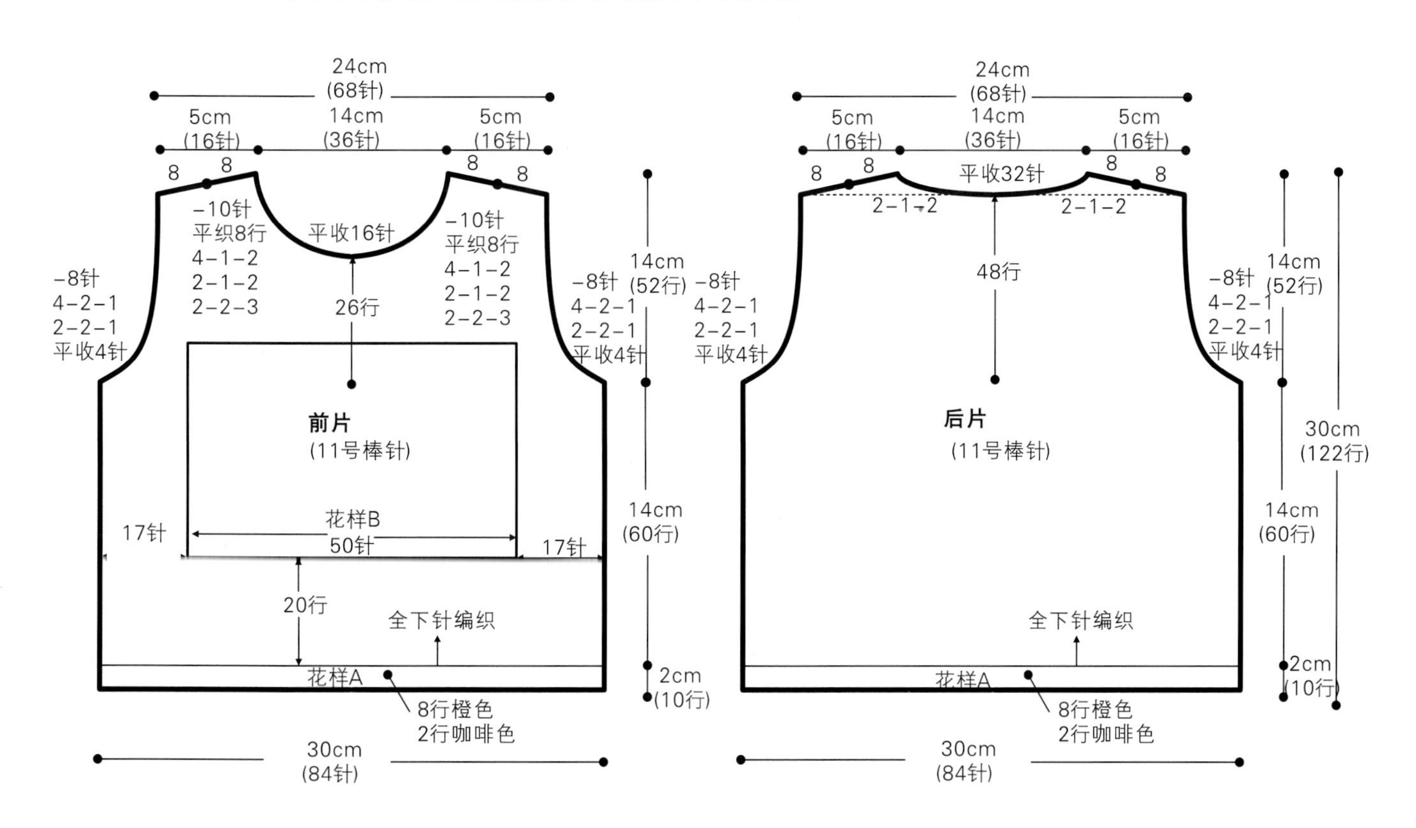

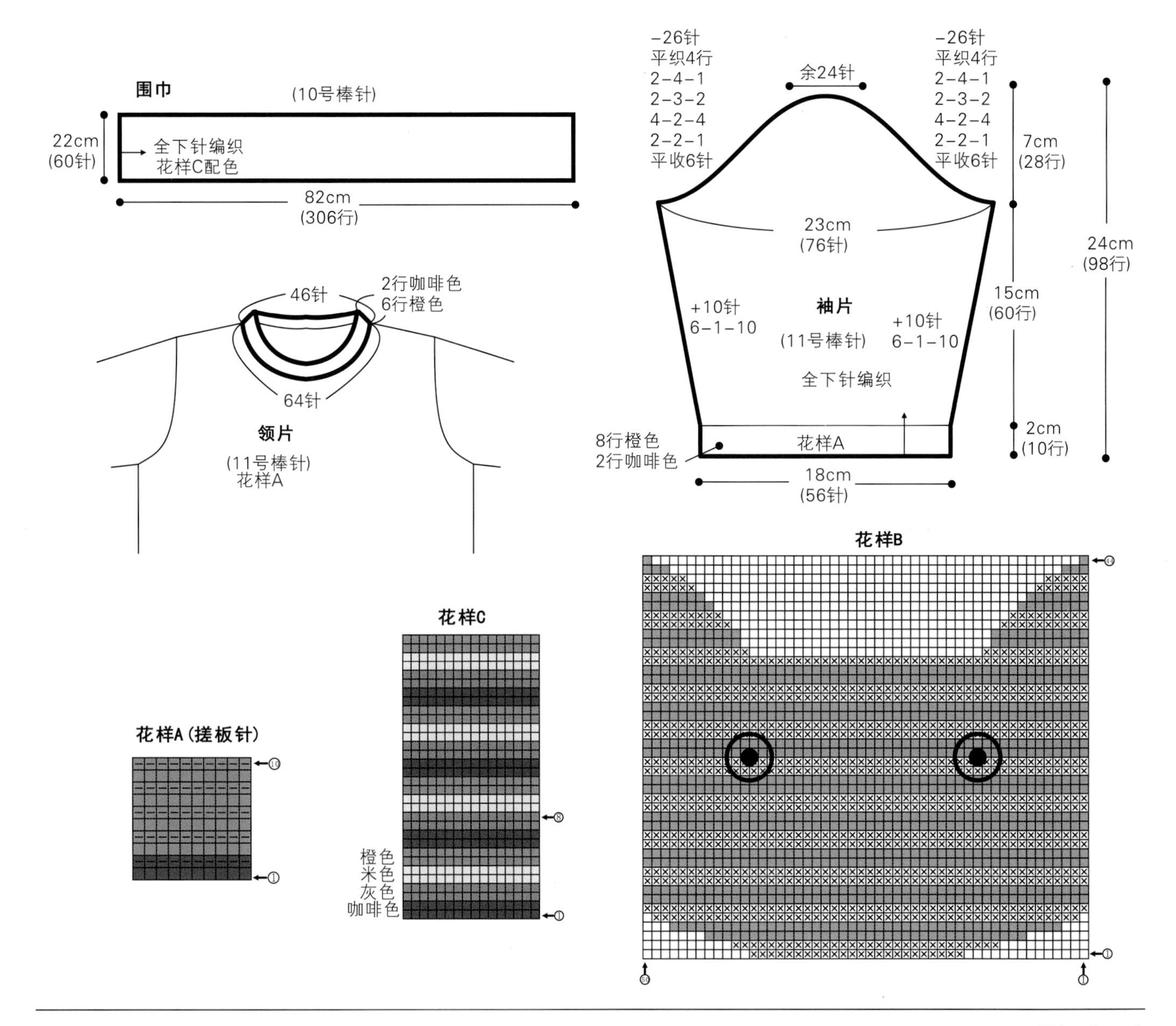

作品31

【成品规格】 衣长28cm，胸宽31cm，袖长31cm

【工　　具】 三燕牌11号棒针

【编织密度】 28针×40行=10cm×10cm

【材　　料】 织美堂粉紫色细羊绒线4团共200g

【编织要点】

1.棒针编织法。分为左右前片、后片和两个袖片各自编织。再编织1个帽子。

2.前片的编织。分为左前片，右前片。从下摆起织，下针起针法，起66针，起织花样A，不加减针，织10行。下一行起全织下针，正面全织下针，返回织上针。在侧缝上开始减针，6-1-6平织24行至袖窿。衣襟这侧，平织30行下针后，开始衣襟减针，减针至前片的结束。减针方法是2-1-32，平织12行结束。袖窿减针，平收6针后开始减针，4-2-10、6-2-1，最后余下1针，收针。相同的方法去编织另一边前片。

3.后片的编织。下针起针法，起90针，起织花样A，织10行后，改织下针，不加减针，织60行至袖窿，袖窿起减针，两边收针，各收4针，然后依次减针：2-2-2、4-2-2、6-2-4、4-2-2、2-2-2，平织2行，余下34针，收针断线。

4.袖片的编织。从袖口起织。下针起针法，起50针，起织花样A，织24行后改织下针，并在袖侧缝上加针，4-1-12、2-1-1，平织2行至袖山减针，作前袖山这边，平收4针，然后2-2-2、4-2-12，作后袖山这边，先平收6针，然后4-2-8、6-2-2，平织2行后，将针数收针12针，然后减针，2-2-3与前袖山一起余下1针，收针断线。相同的方法，相同的减针方向去编织另一个袖片。完成后，将袖山与衣身的袖窿边线对应缝合，再将袖侧缝对应缝合。衣身上的侧缝也对应缝合。衣服基本完成。最后编织门襟。起8针，起织花样A，即来回都织下针就成了搓板针。不加减针，织426行，约122cm的长度后，收针断线。留50cm长作系带用，余下部分与衣身的减针边，后衣领边和另一边前片进行缝合。衣服完成。

5.帽子的编织。下针起针法，起90针，闭合成圈织。全织下针，不加减针，织46行后，将90针分成6等份，每一等份各15针，在这15针的第1针位置上进行减针，每织2行减1针，共减14次，织成28行后，总针数余下6针，将这6针再织6行后，收紧为1圈，收针，完成。

符号说明：

符号	说明
⊟	上针
□=◫	下针
2-1-3	行-针-次
↑	编织方向

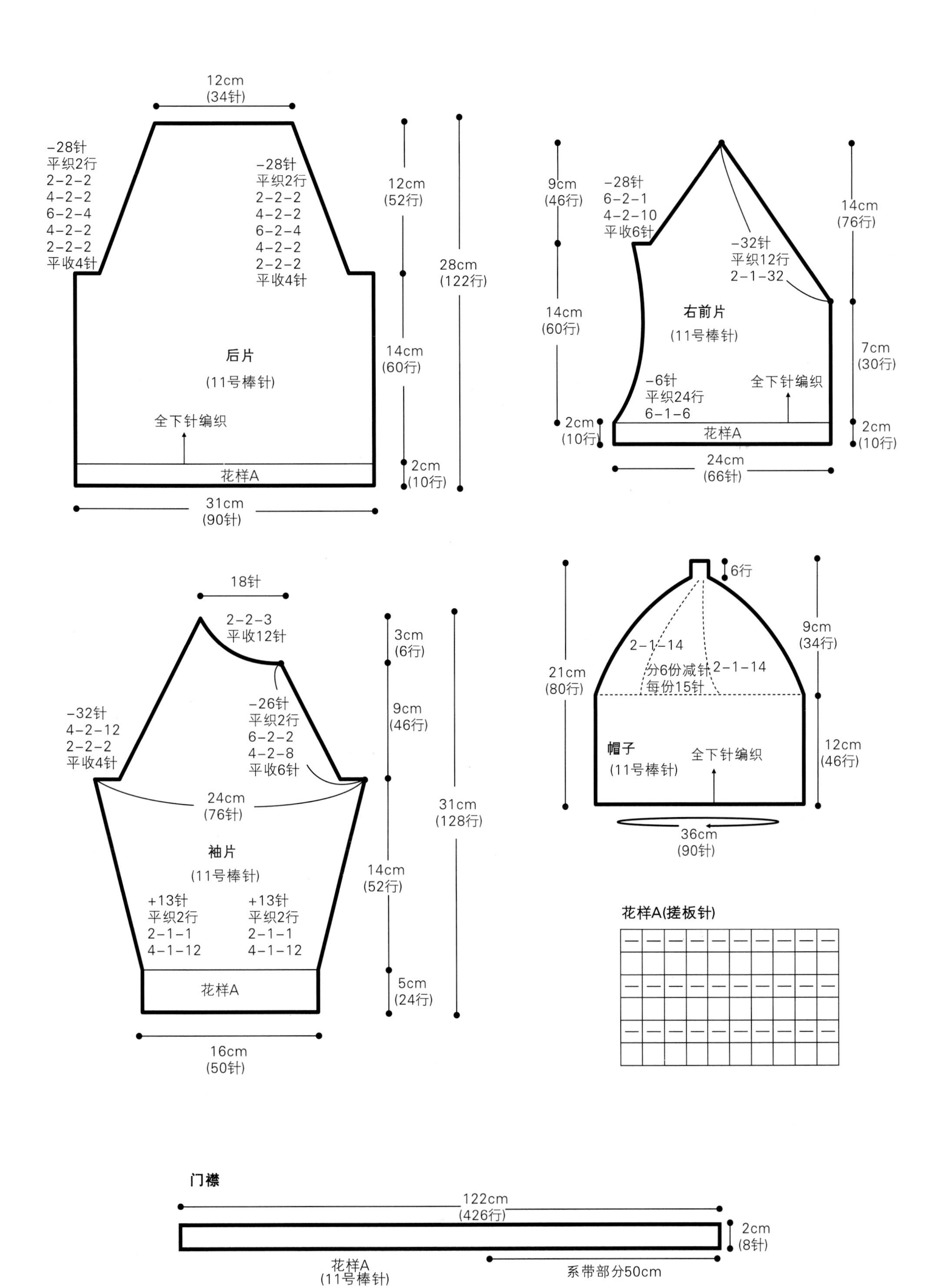

12cm
(34针)
-28针
平织2行
2-2-2
4-2-2
6-2-4
4-2-2
2-2-2
平收4针
-28针
平织2行
2-2-2
4-2-2
6-2-4
4-2-2
2-2-2
平收4针
12cm
(52行)
28cm
(122行)
14cm
(60行)
后片
(11号棒针)
全下针编织
花样A
2cm
(10行)
31cm
(90针)
9cm
(46行)
-28针
6-2-1
4-2-10
平收6针
-32针
平织12行
2-1-32
14cm
(76行)
14cm
(60行)
右前片
(11号棒针)
7cm
(30行)
-6针
平织24行
6-1-6
全下针编织
2cm
(10行)
花样A
2cm
(10行)
24cm
(66针)
18针
2-2-3
平收12针
3cm
(6行)
-32针
4-2-12
2-2-2
平收4针
-26针
平织2行
6-2-2
4-2-8
平收6针
9cm
(46行)
24cm
(76针)
31cm
(128行)
袖片
(11号棒针)
14cm
(52行)
+13针
平织2行
2-1-1
4-1-12
+13针
平织2行
2-1-1
4-1-12
花样A
5cm
(24行)
16cm
(50针)
6行
21cm
(80行)
2-1-14
分6份减针
每份15针
2-1-14
9cm
(34行)
帽子
(11号棒针)
全下针编织
12cm
(46行)
36cm
(90针)
花样A(搓板针)
门襟
122cm
(426行)
2cm
(8针)
花样A
(11号棒针)
系带部分50cm

作品32

【成品规格】 衣长32cm，胸宽28.5cm，肩宽28cm，袖长21cm

【工　　具】 三燕牌10号棒针

【编织密度】 28针×38行=10cm×10cm

【材　　料】 白色细羊绒线150g，红色少许

符号说明：

- ⊟ 上针
- □=⊡ 下针
- 2-1-3 行-针-次
- ↑ 编织方向
- ⊡ 镂空针
- ⊠ 左并针
- ⊠ 右并针

【编织要点】

1.棒针编织法。衣身用棒针编织，从衣摆起织，从下往上织，环织，至袖窿分为前后片各自编织。袖片织两个。

2.袖窿以下的编织。下摆起织，下针起针法，起154针圈织，起织花样A，不加减针，织32行，下一行起，织1行上针，1行下针，2行上针，在第1行上针里挑针编织荷叶边。每1针挑织2针起织，一圈共挑296针，在前片的中间留6针不挑织。平织5行后，每8针加1针，并改织单桂花针，织4行后改用红色线织1行下针，再织1行上针收针。在花样B后继续织花样A4行。而后全织下针，不加减针，织40行至袖窿减针，将衣身分为前后两半，各自编织。袖窿两边各收针3针后，继续编织，前片，当织成袖窿算起35行时，下一行进行衣领收针，中间选11针不织，两边减针，2-3-2、2-2-1、2-1-2平织6行后，开始织斜肩，引退针编织，每6针引退织1次，再7针引退织2次，肩部余下20针，收针。相同方法织另一边。后片编织，两边收针3针，织成袖窿算起41行时，后衣领减针，中间收针23针，两边减针，2-2-1、2-1-2，接着是斜肩引退编织，与前片肩部织法相同，肩部织成20针，收针。将前后片的肩部对应缝合。

3.袖片的编织。袖口起织，白色线起针，起56针，排花样A编织。不加减针，织32行，下一行织花样B4行，然后在再织花样A织4行，而后全织下针，并在两侧袖侧缝上加针，8-1-4织成32行，下一行在两边减针，各减7针，然后1-5-2余下30针，收针断线。最后是在花样B的第1行里挑针编织荷叶边，织法与衣身相同，但下针部分只织3行，然后每4针加1针，织3行单桂花针，再换红线织1行下针，再用上针收针。相同的方法去编织另一个袖片，并将袖山边线与衣身袖窿边线进行缝合。

4.衣领的编织。前衣领挑织58针，后衣领边挑织44针，先用白色线织2行，然后用红色线织4行，织花样D搓板针。衣服完成。

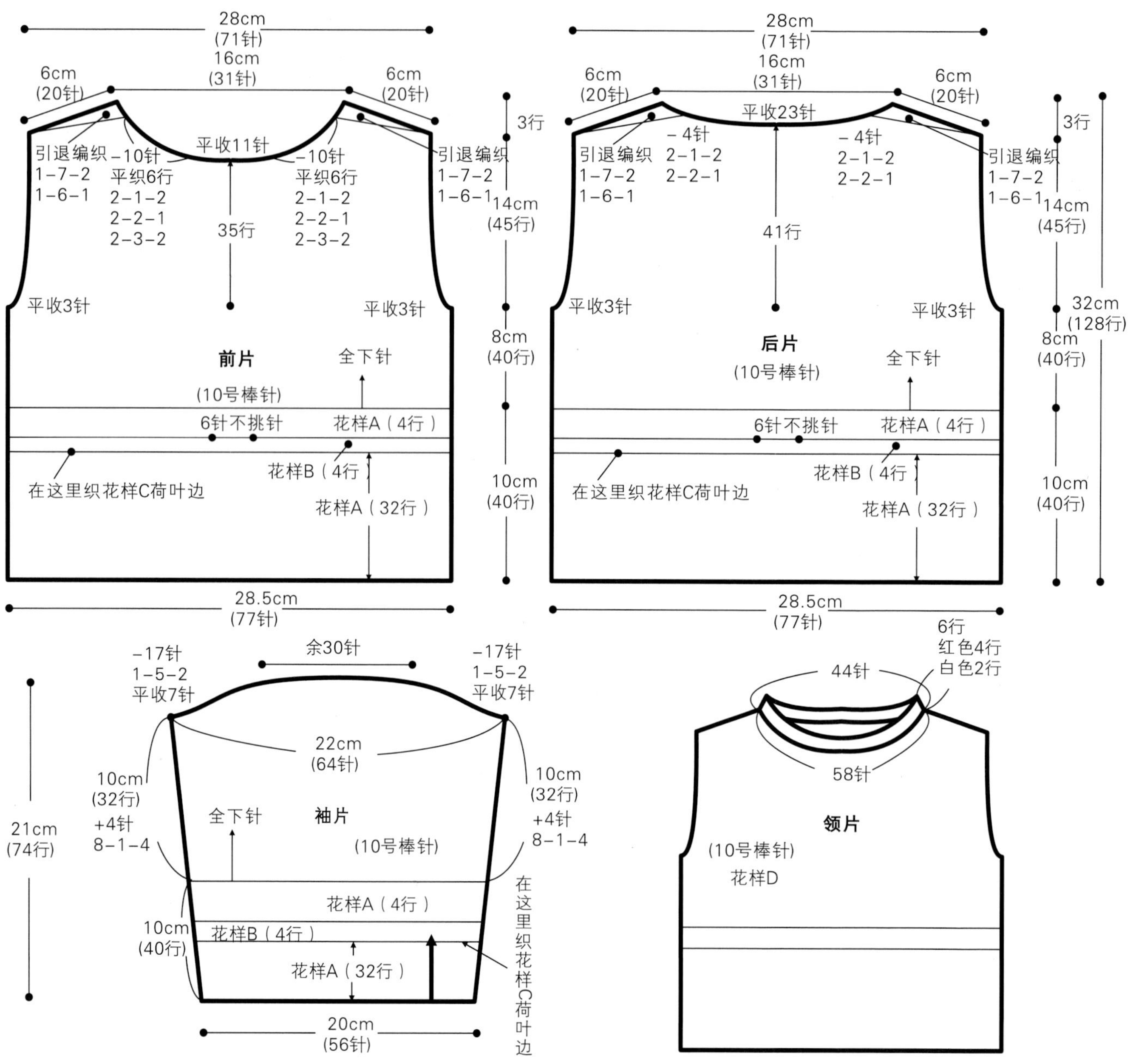

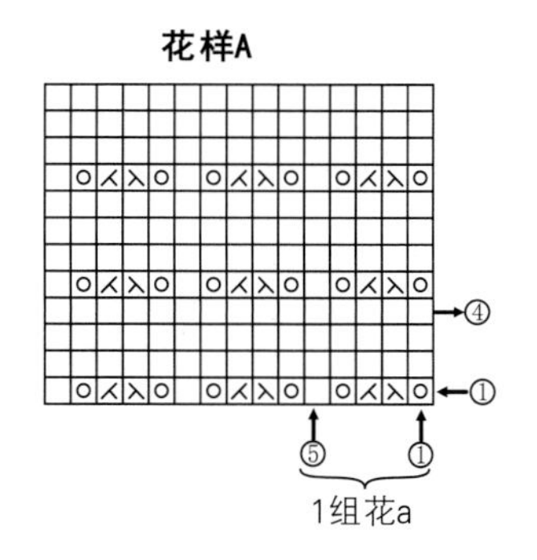

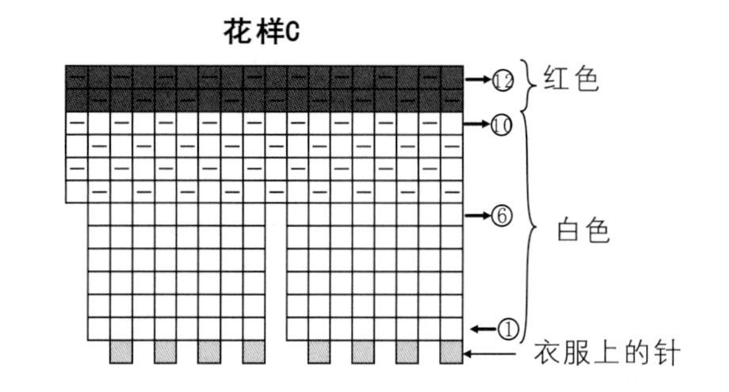

花样D(搓板针)

⑥

①

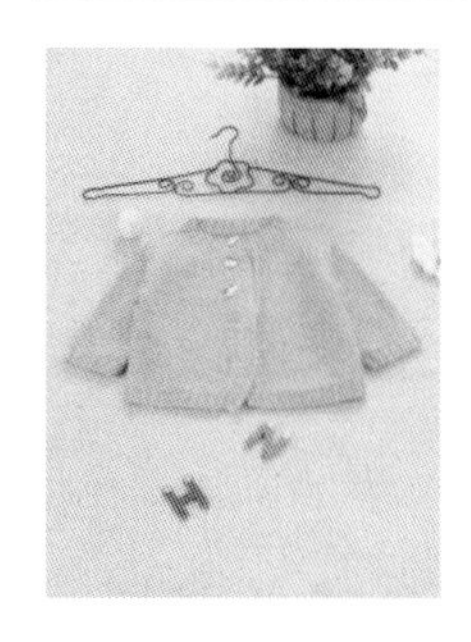

作品33

【成品规格】 衣长31cm，胸宽29cm，肩宽26cm，袖长22cm

【工　　具】 三燕牌11号棒针(织衣身)，3号钩针

【编织密度】 30针×40行=10cm×10cm

【材　　料】 黄色细羊绒线共170g，扣子3颗

【编织要点】

1.棒针编织法。分为前片、后片和两个袖片。

2.前片的编织。分为左前片和右前片。以右前片为例说明。下摆起织，单罗纹起针法，起50针，起织双罗纹针，不加减针，织8行，然后改织上针。不加减针，织68行至袖窿减针，左侧收针6针，然后2-2-2、4-2-1，当织成袖窿算起40行的高度时，开始减衣领，从右往左，收针9针，然后依次减针，2-3-2、2-2-2、2-1-1、4-1-1，然后不加减针，织2行的高度，左边当织成48行高时，下一行开始进行斜肩引退针编织，每2行退织4针，退3次，2-4-3最后5针一退针，肩部余下17针。收针断线。相同的方法，相反的减针方向去编织左前片。右前片衣襟需要制作2个扣眼。扣眼织空针加并针织成。

3.后片的编织。起针法与前片相同。起84针，起织花样A，不加减针，织8行后，改织上针，不加减针，织68行的高度，开始减袖窿。两边袖窿同时收针，各收4针，然后依次减针，2-2-1，两边袖窿减少的针数为6针。余下72针。不加减针，继续织上针，当织成袖窿算起44行的高度时，下一行中间收针34针，两边进行减针，2-1-2各减少2针，织成4行高，下一步斜肩编织，织法与前片相同。织成8行斜肩，针数余下17针，收针断线，分别与前片的肩部对应缝合。再将侧缝对应缝合。

4.袖片的编织。袖口起织，起54针，起织花样A。不加减针，织8行，下一行起织上针，并在两侧袖山上加针，4-1-6、6-1-4，平织6行，各加10针，然至袖窿减针，位于前面这边收针4针，位于后片这边，收针6针，然后两边同步减针，减针方法依次为4-2-1、2-2-1、4-2-4，余下40针，收针断线。相同的方法去编织另一个袖片，并将袖山边线与衣身袖窿边线进行缝合。

5.衣襟和领片的编织。左右衣襟各挑90针，先织4行花样A双罗纹，然后织8行下针后，收针断线。衣领部分，两边前衣领各挑24针，后衣领边挑50针，起织花样A，织8行后，收针断线。在左衣领第4针第4行的位置织1个扣眼。衣服完成。

符号说明：

⊟　上针

□=⊡　下针

2-1-3　行-针-次

↑　编织方向

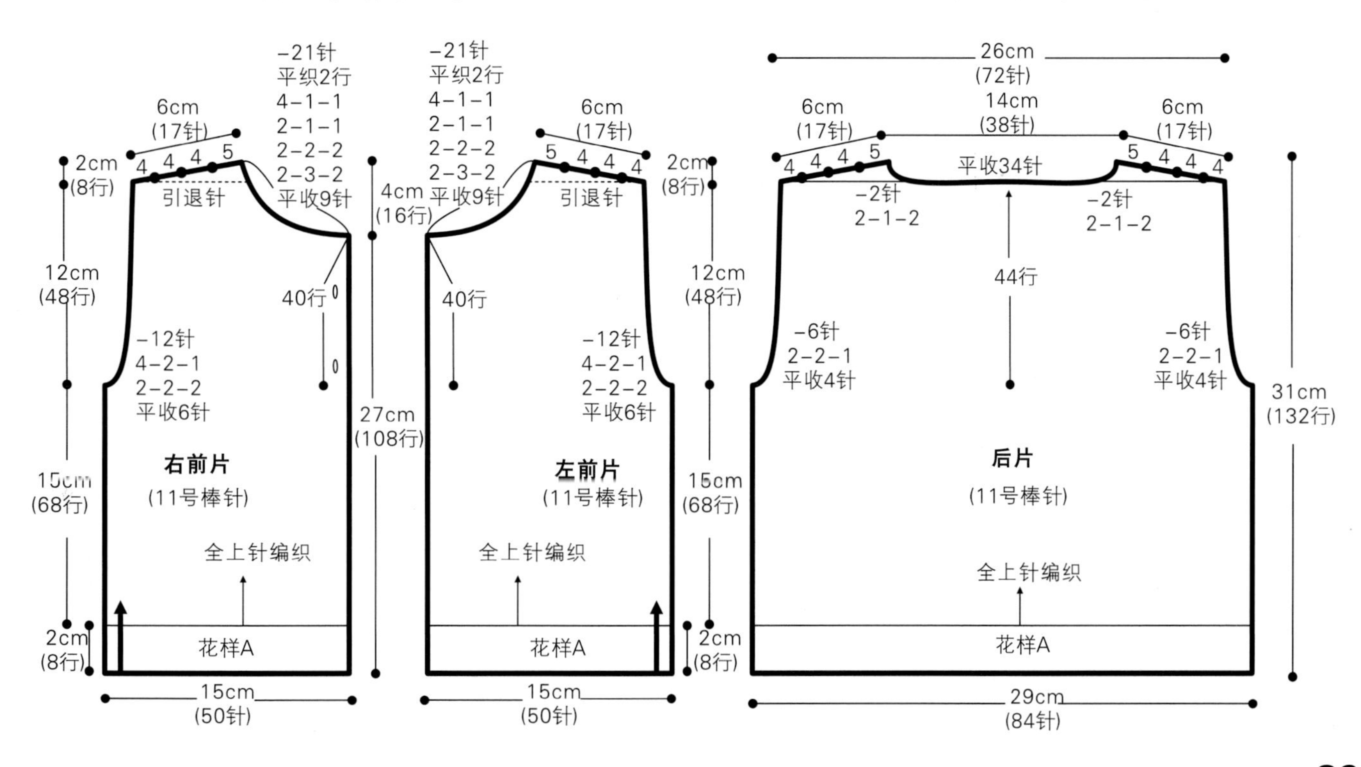

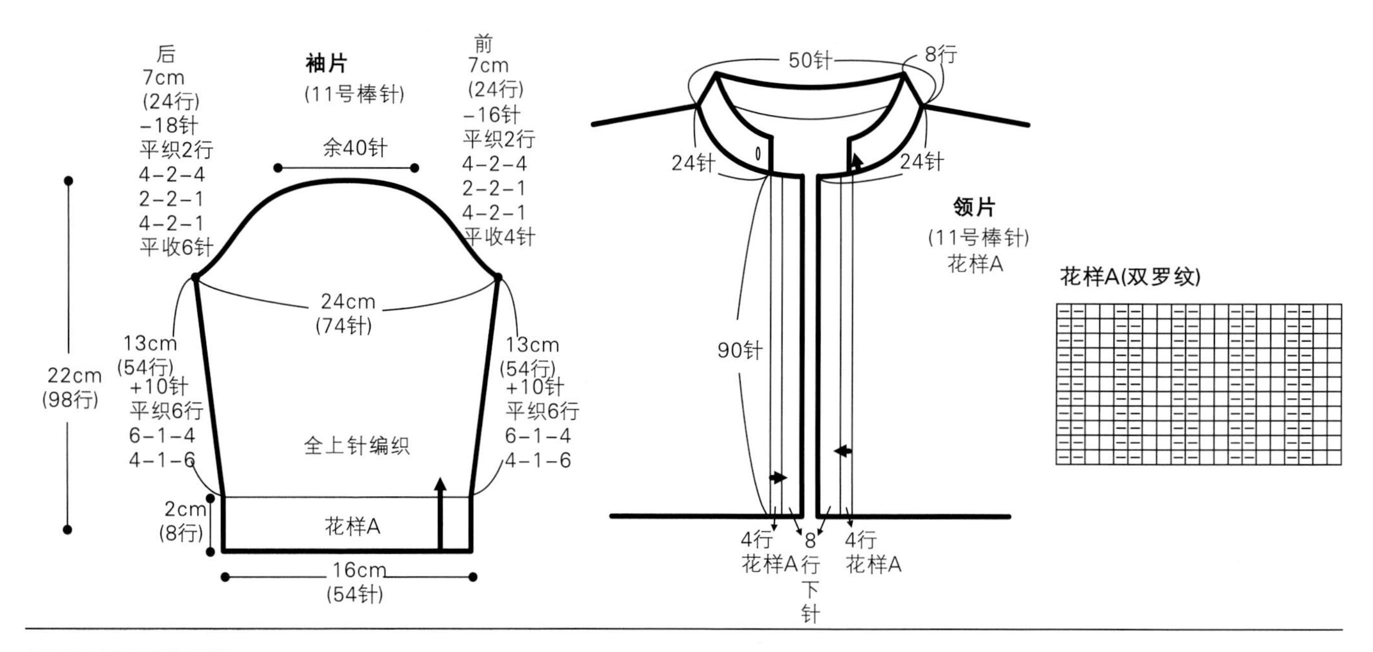

作品34

【成品规格】 衣长32cm，胸宽29cm，肩宽28.5cm，袖长20cm

【工　　具】 三燕牌11号棒针，3号钩针（缝合用）

【编织密度】 42针×22行=10cm×10cm

【材　　料】 粉红色细羊绒线200g

符号说明：

⊟　上针

□=⊡　下针

2-1-3　行-针-次

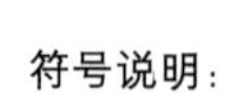

77
编织方向

【编织要点】

1.棒针编织法。分为前片，后片和两个袖片，一个帽片和两个口袋。

2.前片的编织。分为左前片和右前片。以右前片为例说明。下摆起织，单罗纹起针法，起50针，起织双罗纹针，不加减针，织10行，然后改织花样B搓板针。不加减针，织72行至袖窿减针，左侧收针7针，然后依次2-2-2、2-1-1，当织成袖窿算起20行的高度时，开始减衣领，从右往左，收针8针，然后依次减针，2-3-2、2-2-2、2-1-1、4-1-1，然后不加减针，织14行的高度，下一步进行斜肩引退针编织，每2行退织6针，退3次，2-6-3肩部余下18针。收针断线。相同的方法，相反的减针方向去编织左前片。左前片衣襟需要制作五个扣眼。扣眼织空针加并针织成。另外编织两个口袋。起18针，起织花样A双罗纹针，不加减针，织8行的高度，下一行改织花样B，不加减针，织20行的高度后收针，不断线，将除起针行外的三边，缝于左右前片的近衣摆位置的衣身上。

3.后片的编织。起针法与前片相同。起86针，起织花样A，不加减针，织10行后，改织花样B，不加减针，织72行的高度，开始减袖窿。两边袖窿同时收针，各收5针，然后依次减针，2-2-1，2-1-1，两边袖窿减少的针数为8针。余下70针。不加减针，继续织花样B，当织成袖窿算起44行的高度时，下一行中间收针30针，两边进行减针，2-1-2各减少2针，织成4行高，下一步斜肩编织，织法与前片相同。织成6行斜肩，针数余下18针，收针断线，分别与前片的肩部对应缝合。再将侧缝对应缝合。

4.袖片的编织。袖口起织，起48针，起织花样A。不加减针，织10行，下一行起织花样B，并在两侧袖山上加针，8-1-8各加8针，然后不加减针，织2行的高度至袖窿减针，位于前面这边收针3针，位于后片这边，收针5针，然后两边同步减针，减针方法依次为2-2-2、2-1-3、2-2-2、2-3-2，余下24针，收针断线。相同的方法去编织另一个袖片，并将袖山边线与衣身袖窿边线进行缝合。

5.帽片的编织。帽片从帽前沿起织。单罗纹起针法，起100针，起织花样A双罗纹针，不加减针，织10行高度。下一行改织花样B，并从两边开始加针编织，先织一边再织另一边。从外往内加针，2-10-1、2-4-4、2-8-3，织到中心，然后进行另一边加针织。然后所有的针一起织，并在中心加针。平织10行后，在中心加针，6-2-1、4-2-5，加12针，然后平织4行。帽体织30行后，开始帽后沿引退编织。两边织法相同。2行一退。依次为2-10-1、2-8-4、2-4-2、2-8-1。完成后，以中心对称对折，缝合。再将两边帽边缘，与衣领边对应缝合。衣服完成。

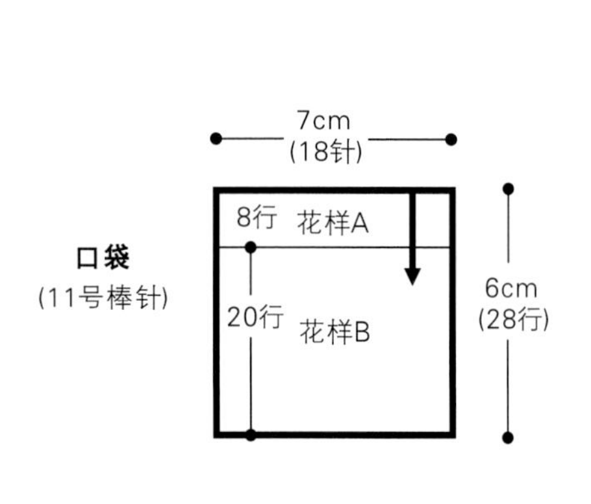

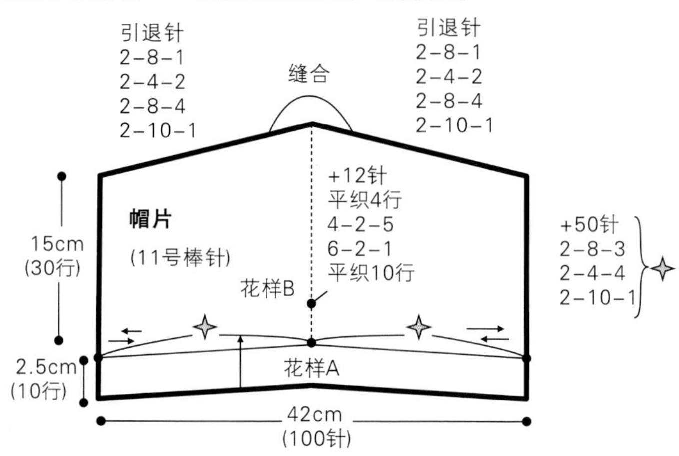

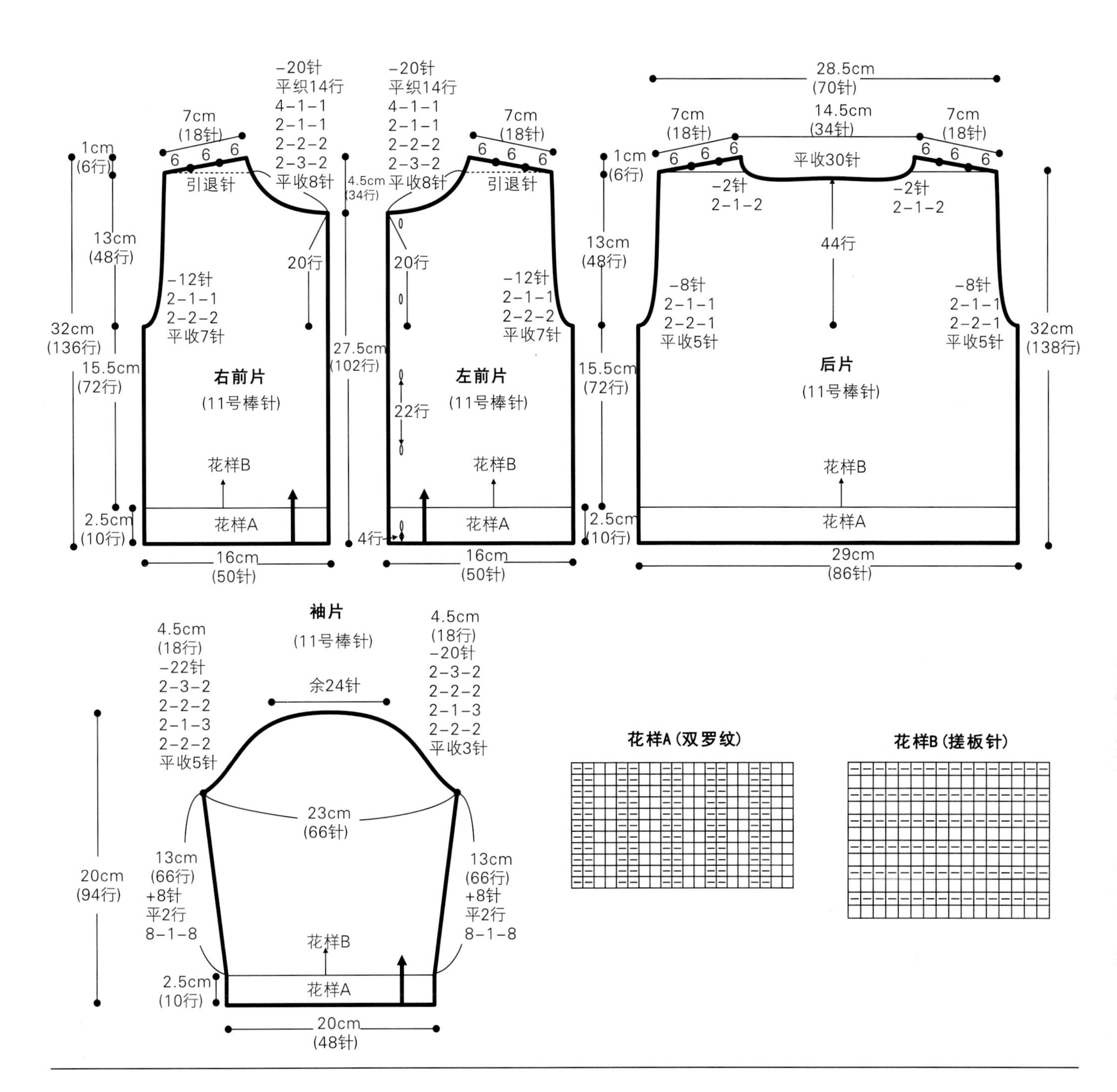

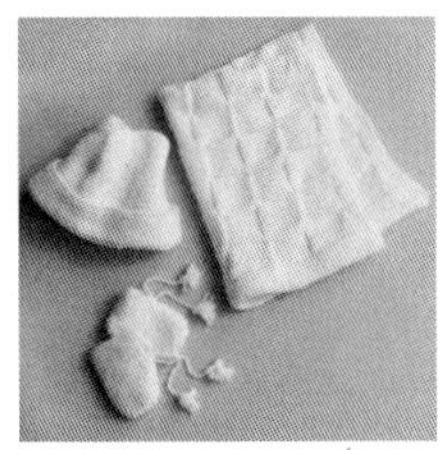

作品35

【成品规格】见图

【编织密度】16针×20行=10cm×10cm

【工　　具】8号棒针

【材　　料】米色毛线1000g

【编织要点】

1.毯子：起98针织起伏针10行后，两边各8针继续织起伏针，中间织下针和上针交错织方块，织够长度后，织10行起伏针平收。

2.帽：起针织起伏针70行，平收，折合帽顶缝合四条边的中心点。

3.手套：起针织起伏针26行后，将针数用线穿起抽紧，对折缝合侧边上下，中间留出手指位置。另用线抽成穗子，点缀。完成。

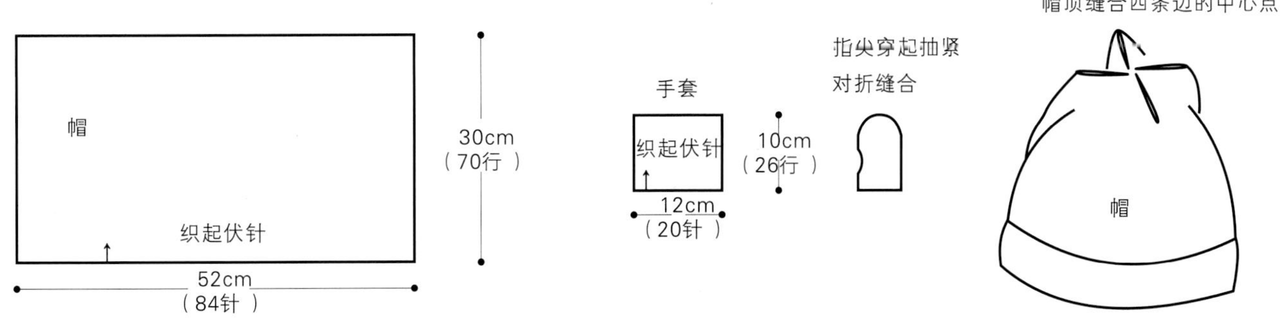

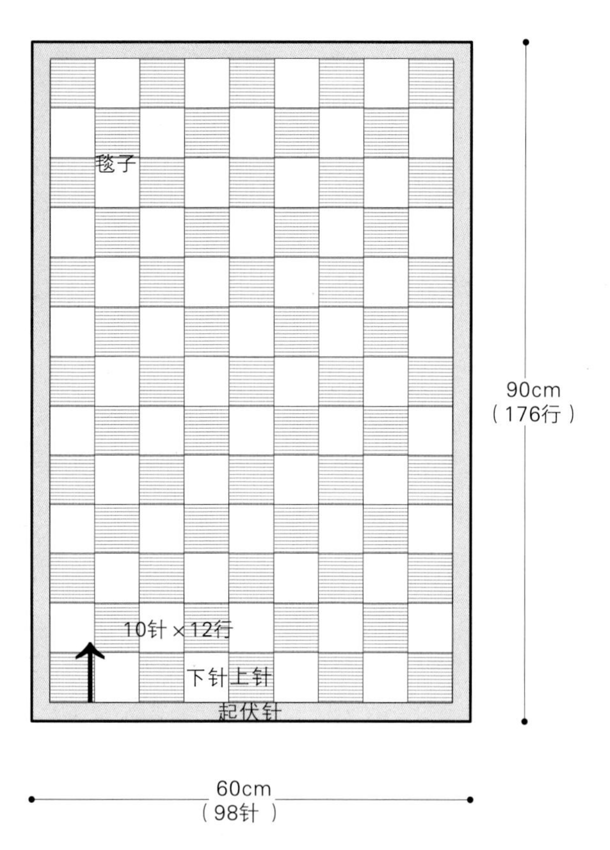

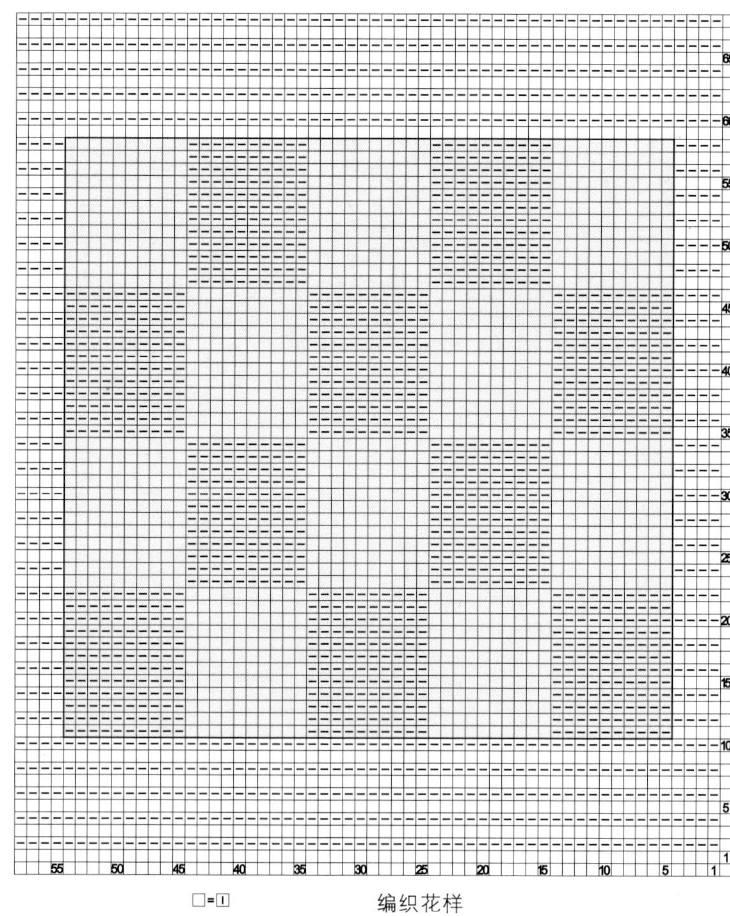

作品36

【成品规格】衣长36cm，胸围8cm，连肩袖长36cm

【编织密度】21针×25行=10cm×10cm

【工　　具】11号、12号棒针

【材　　料】蓝色毛线750g，纽扣6颗

【编织要点】

1.毛衣：①后片：用12号针起64针织双罗纹10行，换11号针织花样，织40行开袖窿，上面全部织平针，两边按图示减针，最后26针平收。

②前片：12号针起32针，织法同后片。开挂肩后织26行开始织领窝，按图示在领口减针，织好后对称织另一片。

③袖：从下往上织。起38针织单罗纹10行，换11号针织花样，袖身两侧按图示加针，袖山织平针，减针方法同后片。

④领，门襟：先挑织领，沿领窝挑76针织单罗纹10行后，再沿边缘挑68针织门襟，并在一侧开3个扣眼。织好后缝上纽扣，完成。

2.毯子：起106针，边缘织起伏针，中心织花样，一直平织上去，织够长度后收针，完成。

3.帽：起112针织单罗纹8行后，上面织花样，织46行开始帽顶，帽顶织平针，将针数均分成8份减针，最后8针用线穿起抽紧，完成。

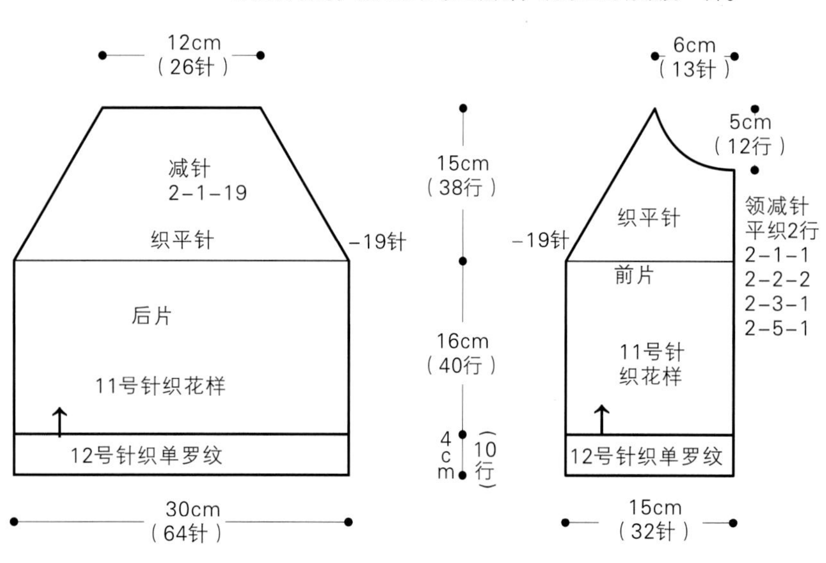

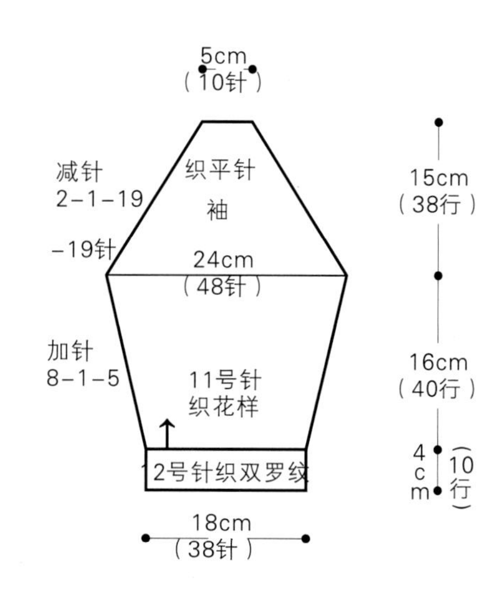

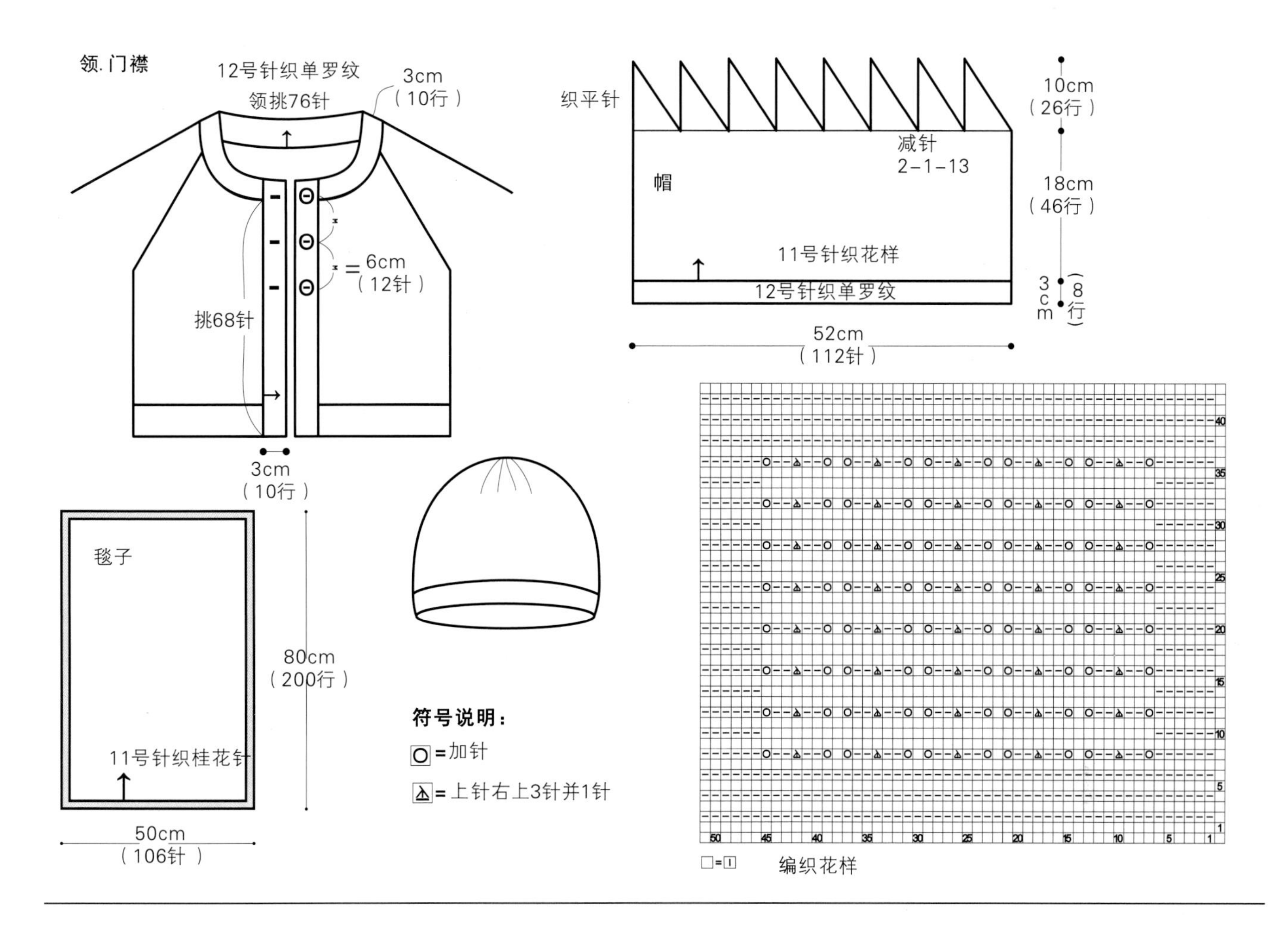

作品37

【成品规格】 衣长30cm，胸宽31cm，肩宽15cm

【工　　具】 三燕牌10号棒针

【编织密度】 28针×40行=10cm×10cm

【材　　料】 织美堂粉紫色细羊绒线2团共100g，米色20g

【编织要点】

1.棒针编织法。从下摆起织，片织，由前片与后片织成。

2.前片的编织。下摆起织，用米色线，起90针，起织花样A，织10行，下一行将两边的5针各自收针。然后中间留下的80针，改用粉紫色线，起织花样B，不加减针，织96行的高度。下一行中间留32针不织，两边减针，2-2-2然后两边各自平织4行后，两边各自余下20针，将内侧的6针暂停不织，余下的14针，继续织花样A，织6行的高度后，收针断线。用米色线，在中间的领窝里，原来的32针+减针斜边挑6针+20针中留下的6针+减针斜边挑6针+20针中留下的6针，共56针，织6行花样A后，收针断线。在两边的6针中间，各织1个扣眼。

3.后片的编织。后片织法与前片相同，只是肩部那6针米色线织6行花样A后，仍然继续织6行花样A，然后将这6针收针，在这6行里，缝上扣子。

4.缝合。将前后片肩部的14针对应缝合。最后用米色线，沿着衣身的侧缝边，挑出130针，起织花样A，织8行，在前片第26针的位置上，第4行里，织出1个扣眼。另一边侧缝边也是如此织法，完成后，在扣眼对应的另一边钉上扣子。将衣服对折，扣上扣子后，衣服完成。

符号说明：

⊟ 上针

□=⊡ 下针

2-1-3 行-针-次

↑ 编织方向

花样A（搓板针）

花样B

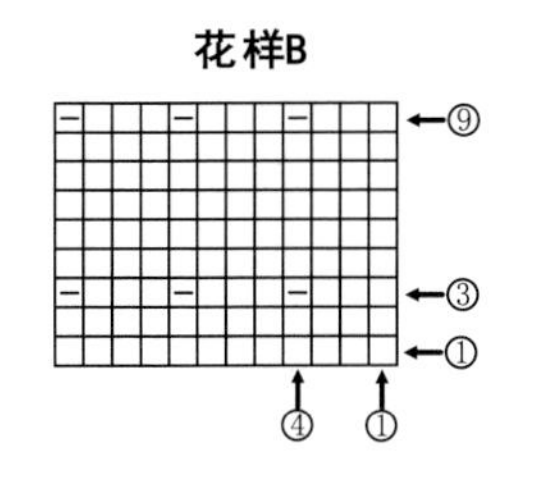

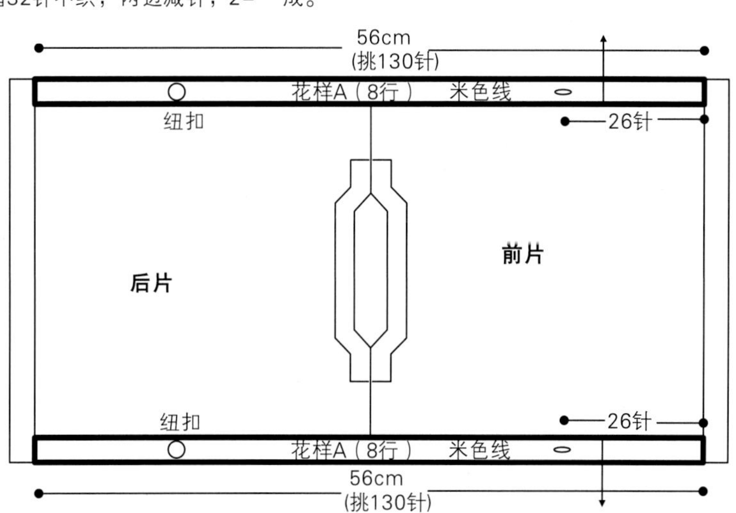

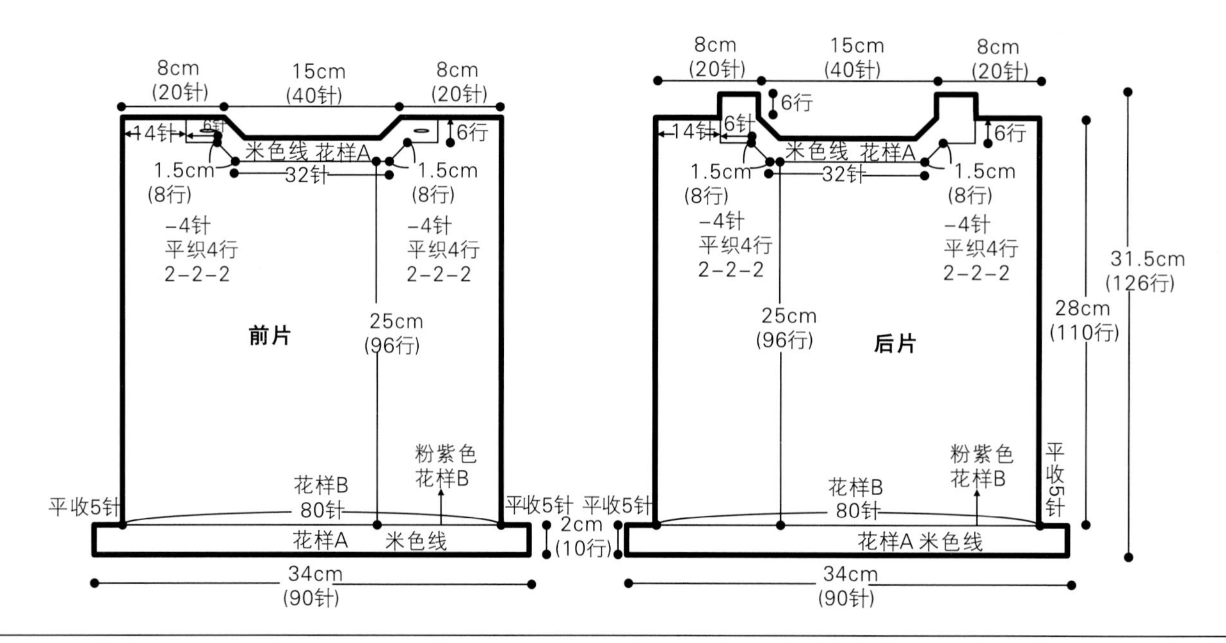

作品38

【成品规格】衣长30cm，胸围60cm，连肩袖长30cm

【编织密度】26针×30行=10cm×10cm

【工　　具】10号棒针

【材　　料】米黄毛线250g，纽扣1颗

【编织要点】

从下摆开始织。

1.身片：起156针织桂花针6行后，边缘各4针继续织桂花针，其余织平针织54行停针待用。

2.袖：起42针织桂花针6行后，上面织平针并在两边各加10针织袖筒54行。停针待用。织另一只。

3.育克：将前片、后片、袖山的针数连起来织育克，织分散减针花样。在领口的一侧开个扣眼，按图示织完36行平收。

4.缝上纽扣，完成。

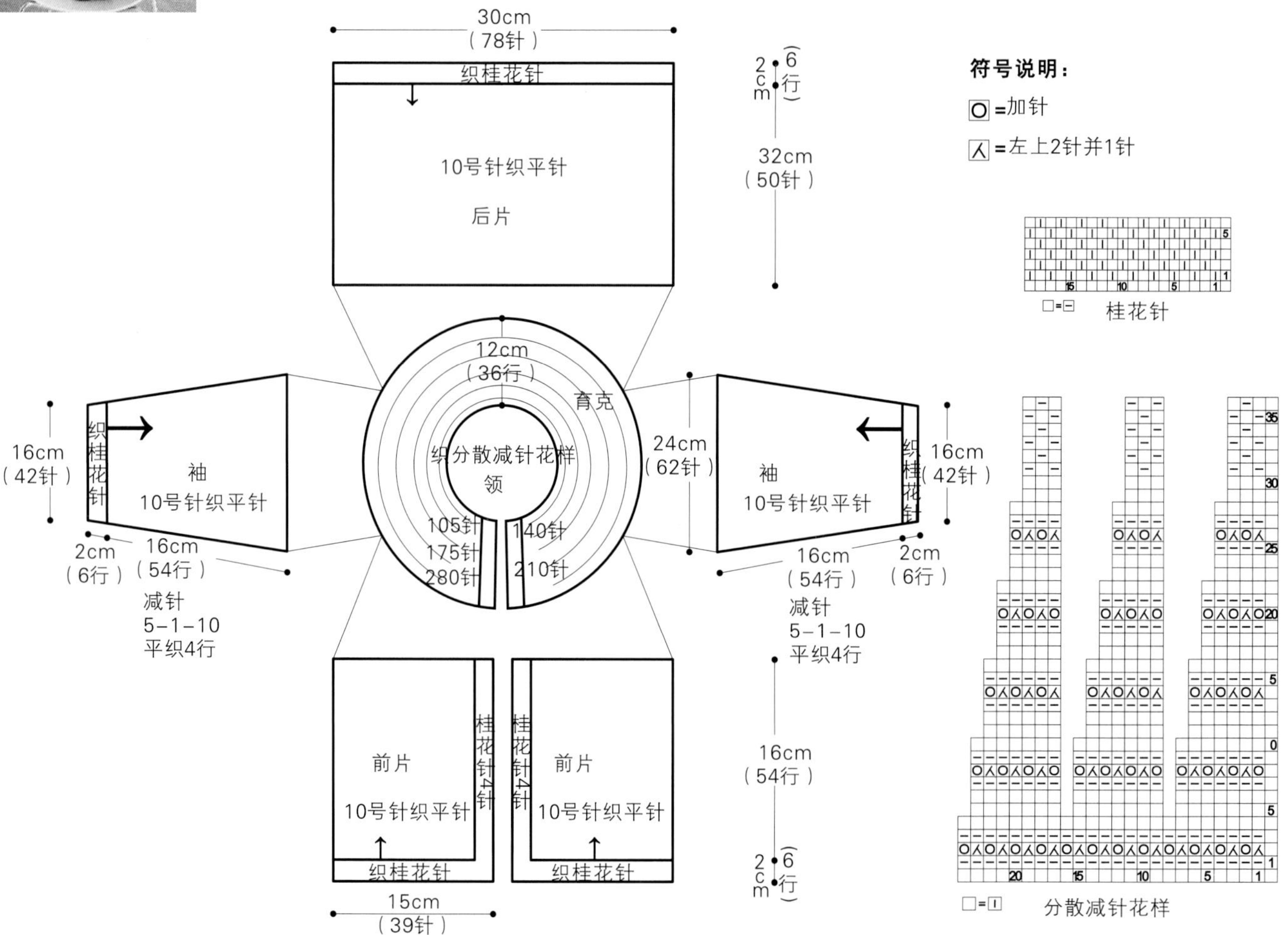

作品39

【成品规格】 衣长30cm，胸宽30cm，肩宽48cm

【工　　具】 三燕牌11号棒针

【编织密度】 32针×44行=10cm×10cm

【材　　料】 织美堂粉红色细羊绒线3团共150g，咖啡色少许

【编织要点】

1.棒针编织法。由后片、左右前片和两个袖口片组成。从后片起织。

2.从后片起织，单罗纹起针法，起织96针，起织花样A双罗纹针，不加减针，织20行的高度。下一行起，全织下针，不加减针，织23行下针。下一行起两边加针，加针方法依次为3-1-2、2-1-2、1-1-5、1-2-6，然后平织4行，完成袖侧缝编织。针数加成138针。不加减针，织60行后，结束后片的编织。

3.开始前片的编织。分为左前片和右前片。以右前片编织为例。从肩部挑出50针，袖口侧不加减针，衣襟侧加针2-1-37。织60行后，袖口侧开始减针，先平织4行，然后依次减针，1-2-6、1-1-5、2-1-2、3-1-2，减完后平织23行。衣襟加37针后，不加减针，织34行，针数余下66针，全改织花样A双罗纹针，不加减针，织20行的高度后，收针断线。左前片的织法与右前片相同。右前片在前面近下端选两个位置织两个扣眼。在左前片对应的位置上钉上扣子。

4.袖片的编织。将前后片的侧缝和袖侧缝对应缝合后。沿着袖口边，挑出72针，起织花样A双罗纹针，不加减针，织12行的高度后，收针断线。

5.衣襟的编织，换咖啡色线。分别沿着衣襟直边挑34针，沿斜边挑57针，最后衣领挑38针。另一侧相同，起织下针，织8行下针后，折回衣襟内侧缝合。

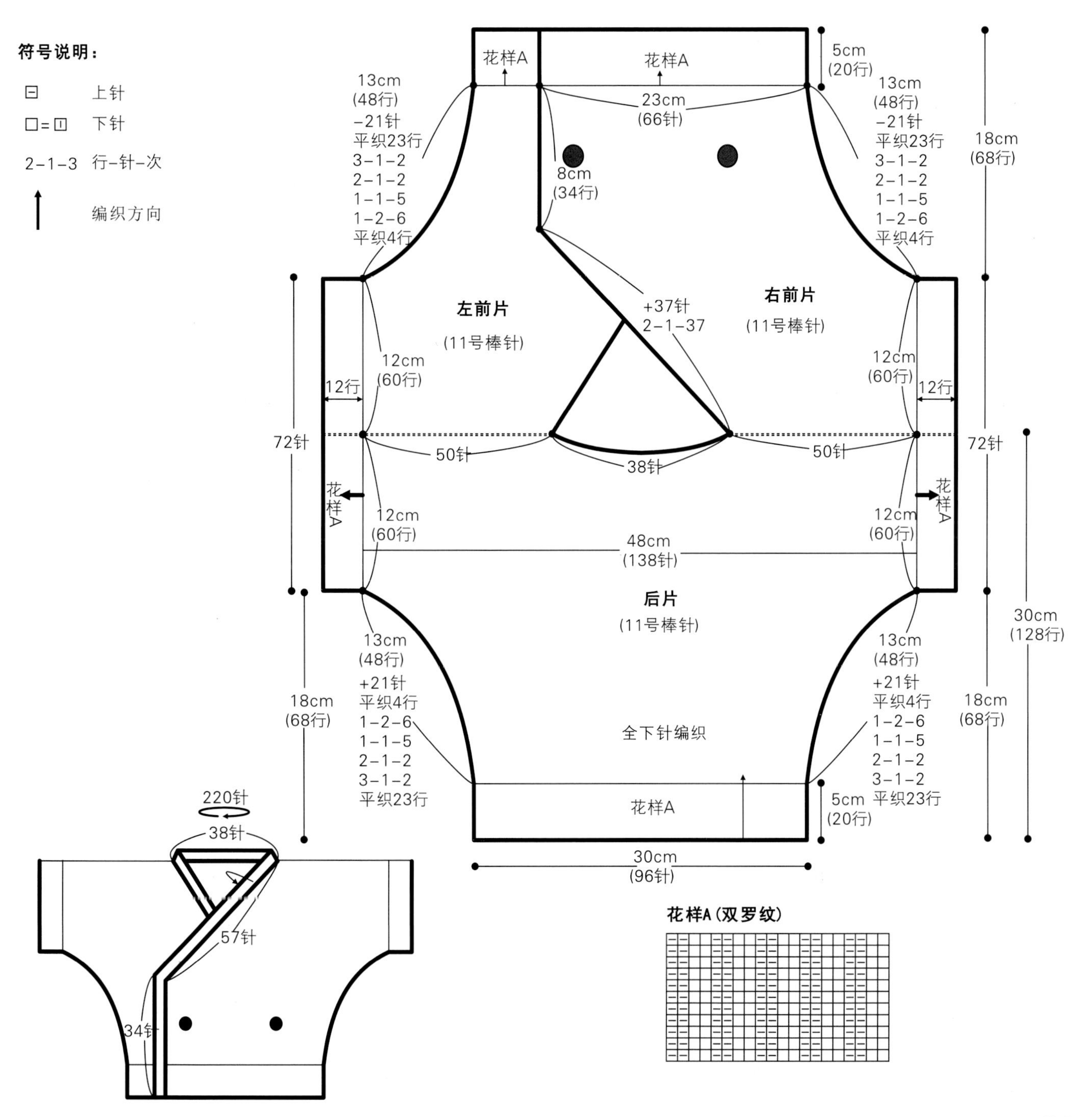

作品40

【成品规格】衣长37cm，胸围60cm，袖长10cm

【编织密度】24针×30行=10cm×10cm

【工　　具】10号棒针

【材　　料】粉色毛线250g

【编织要点】

1.后片：起86针织平针，两边按图示减针，织70行后开始织挂肩，腋下各平收4针，再依次减针，织36行开始织后领窝，将中心的22针平收，分左右片织并在领边缘减针，肩平收。

2.前片：织法同后片。挂肩织26行后开始织领窝，将中心8针平收，分左右片织并按图示在领口减针，减针完成后继续织4行，肩平收。

3.袖：织飞袖，起够袖窝的针数，织6行开始减针，注意减成弧形。按图示逐步减针，最后12针平收。

4.缝合各片，整个衣服平针织成，注意卷边处理，最后钩2个包扣，或织2个与衣服撞色的蝴蝶结，缝合在领口处，完成。

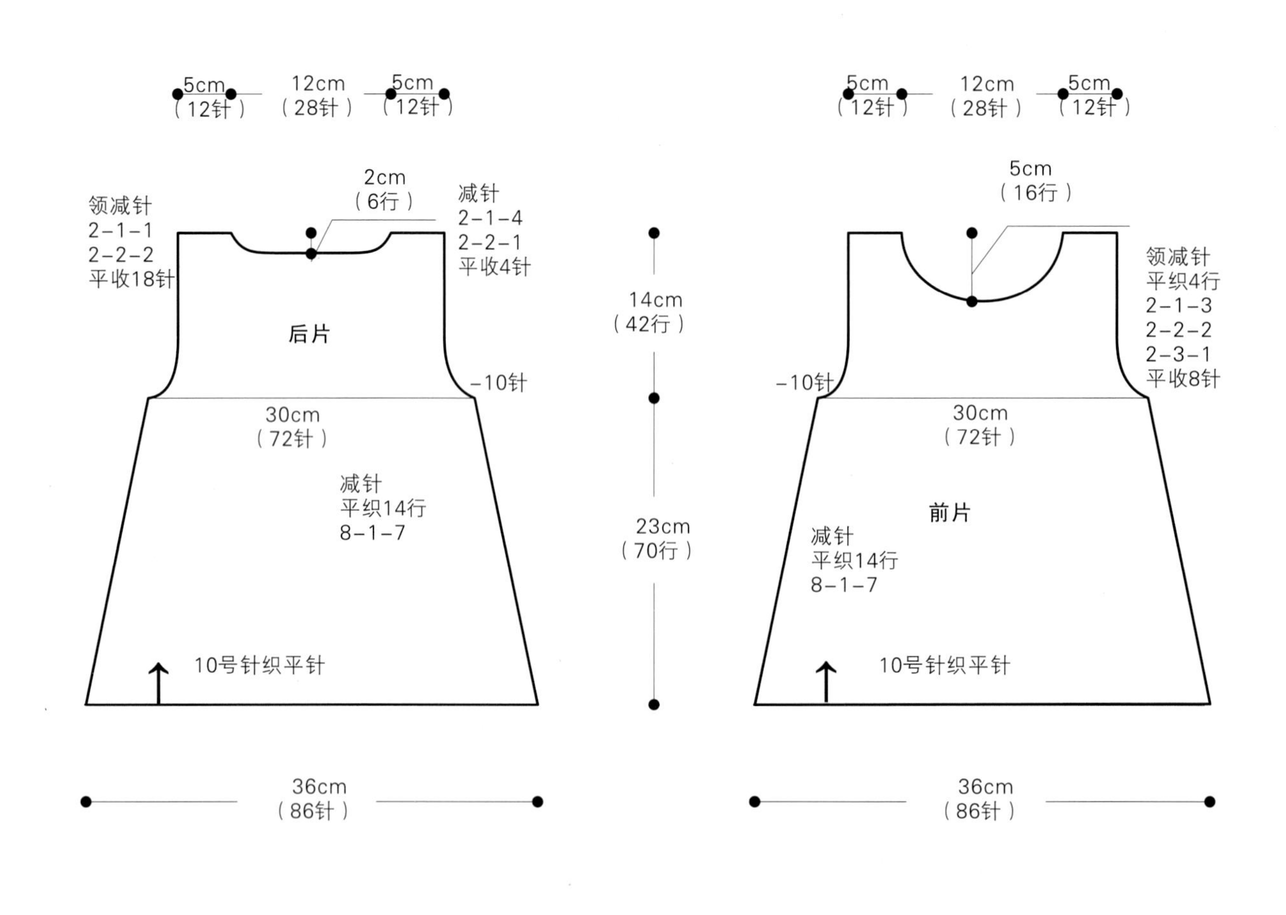

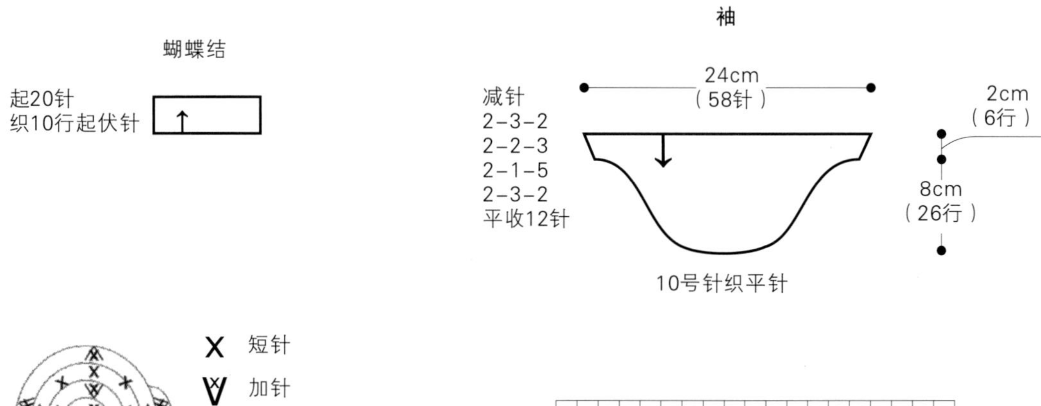

X 短针

加针

收针

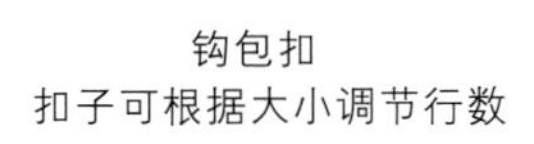
钩包扣

扣子可根据大小调节行数

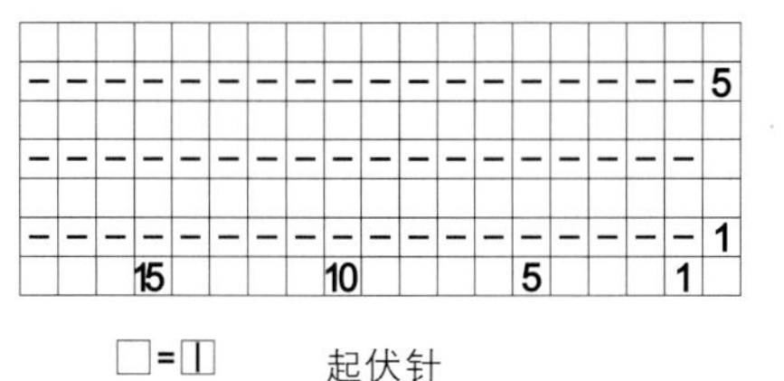

□=〡　起伏针

作品41

【成品规格】衣长32cm，胸围60cm

【编织密度】25针×32行=10cm×10cm

【工　　具】10号棒针

【材　　料】白色毛线100g，黑色50g，纽扣2颗

【编织要点】

1.后片：起76针织白色6行和黑色2行循环。织44行开袖窿，腋下各平收4针，再依次减3针花样继续织3组后上面全织白色，后领窝留10行，先将中心的28针平收，分开织左右片，并按图示在领边缘减针，肩平收。

2.前片：起针及织法同后片。开挂肩织16行将中心的6针平收，分开织左右两片，领口处织16行开始织减针织领窝，按图示在领边缘减针，肩平收。

3.缝合各片，沿领减针处挑12针织单罗纹8行，并在一侧开扣眼2个，缝合底边及纽扣，完成。

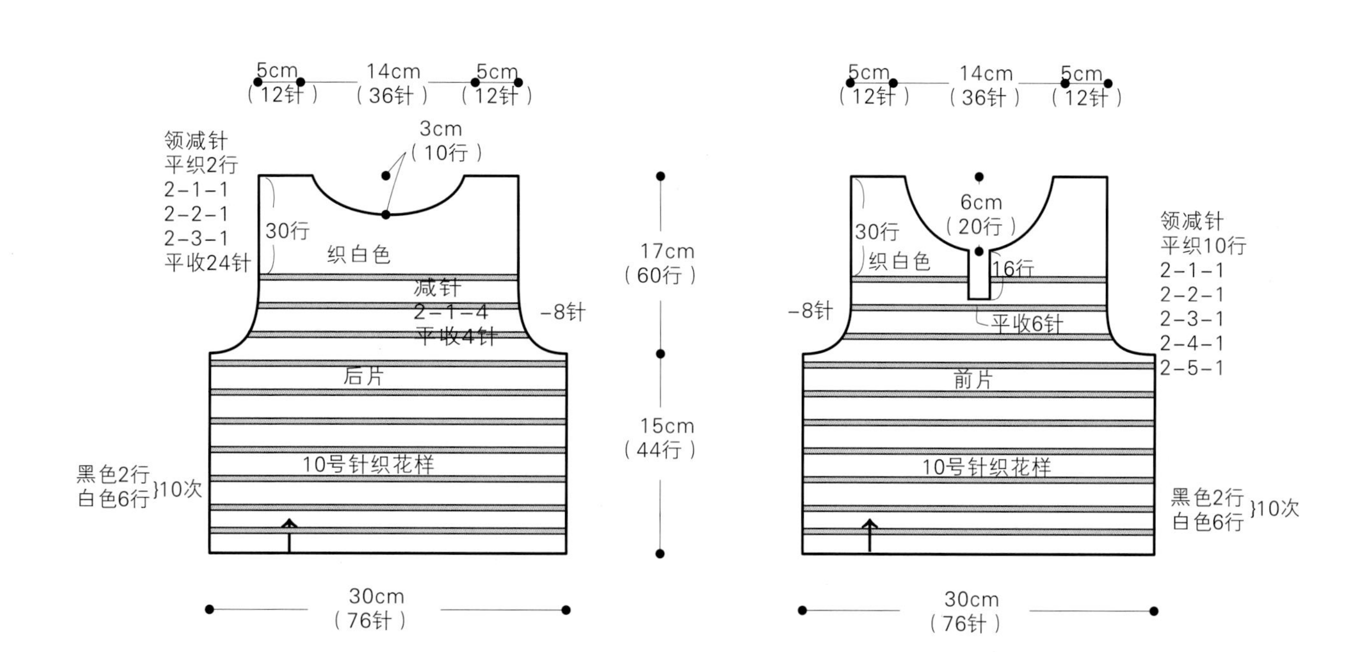

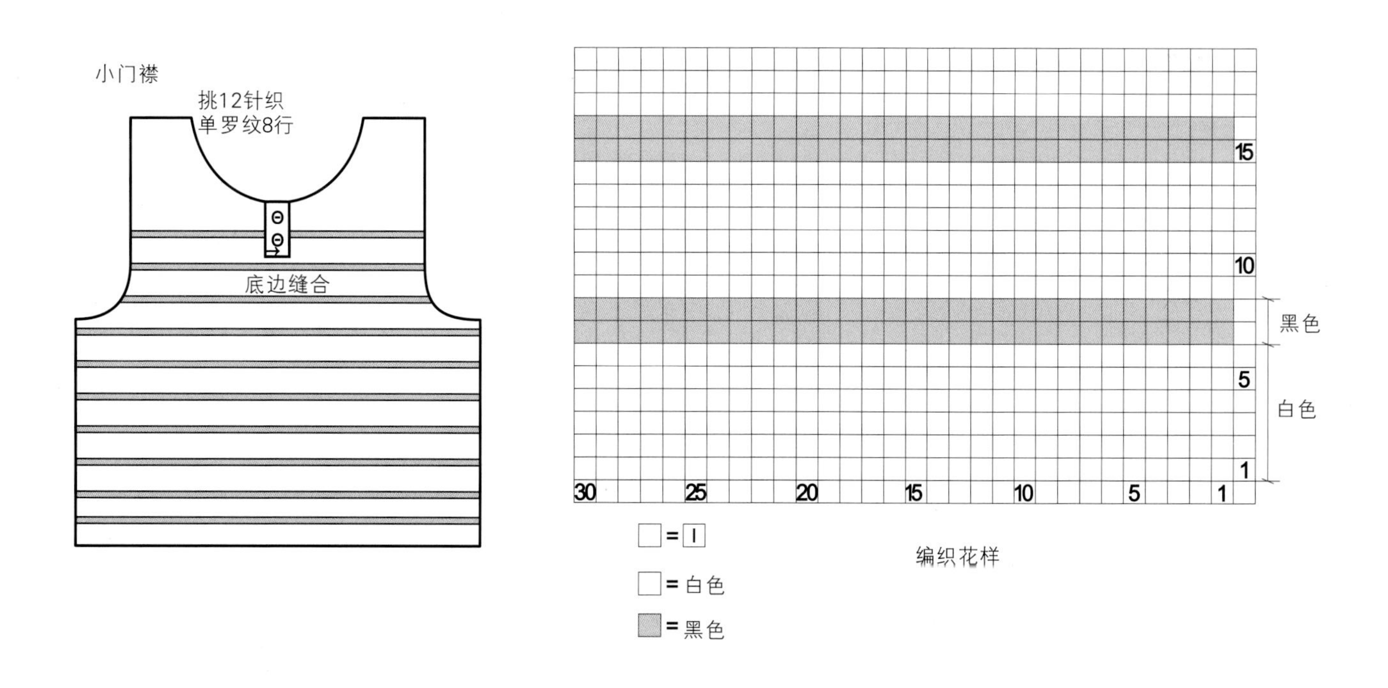

作品42

【成品规格】衣长32cm，胸围68cm，袖长33cm

【编织密度】30针×38行=10cm×10cm

【工　　具】11号、12号棒针

【材　　料】黄色毛线250g，纽扣3颗

【编织要点】

1.后片：起102针直接织花样，织64行开织袖窿，腋下各平收4针，再依次减针，织56行平收。

2.前片：起51针，织法同后片。开挂后织38行开领窝，先平收8针，再依次减针，对称织另一片。

3.袖：从上往下织。起18针织袖山，按图示在两侧加针，总针数72针时开始织袖窿，按图示在两侧减针，织84行平收。

4.领、门襟：沿边缘挑198针织起伏针4行，并在一侧开3个扣眼。缝上纽扣，完成。

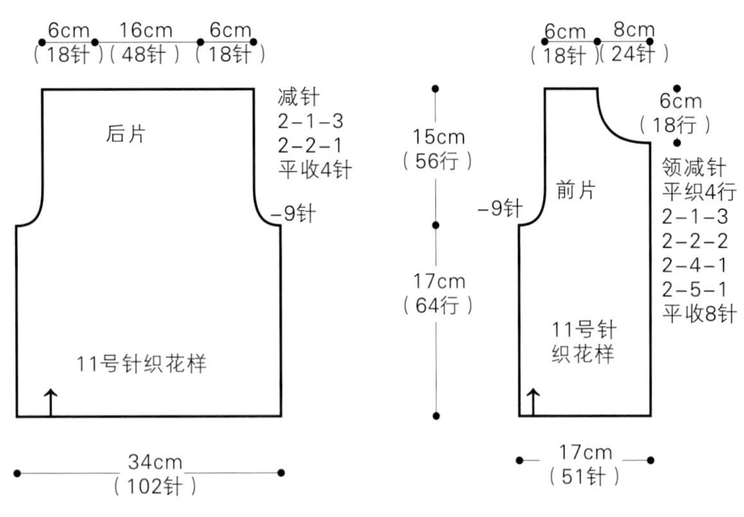

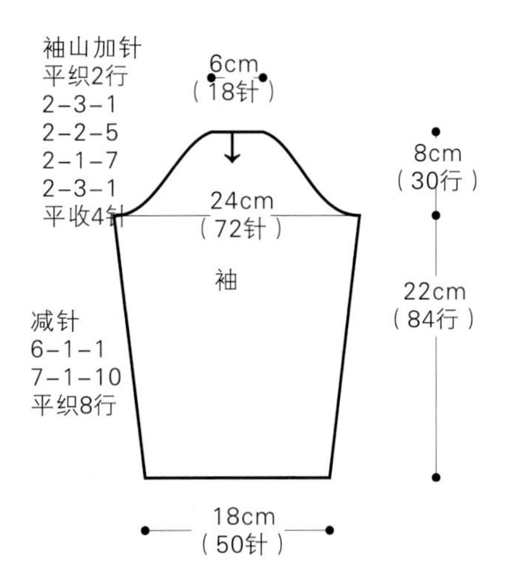

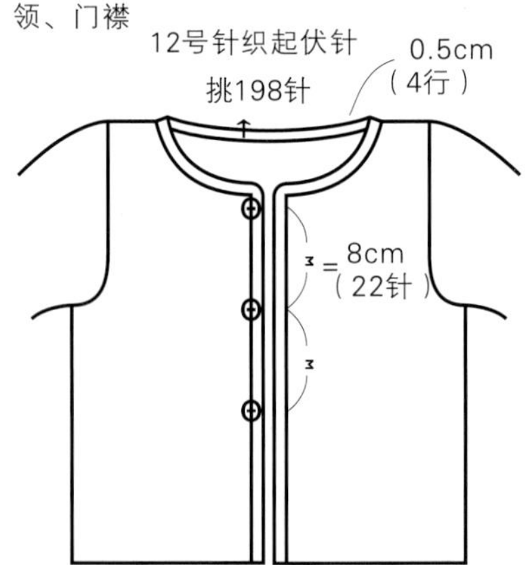

符号说明：

○=加针

⅄=左上2针并1针

⅄=右上2针并1针

↗=将左边1针套过右边1针再织平针

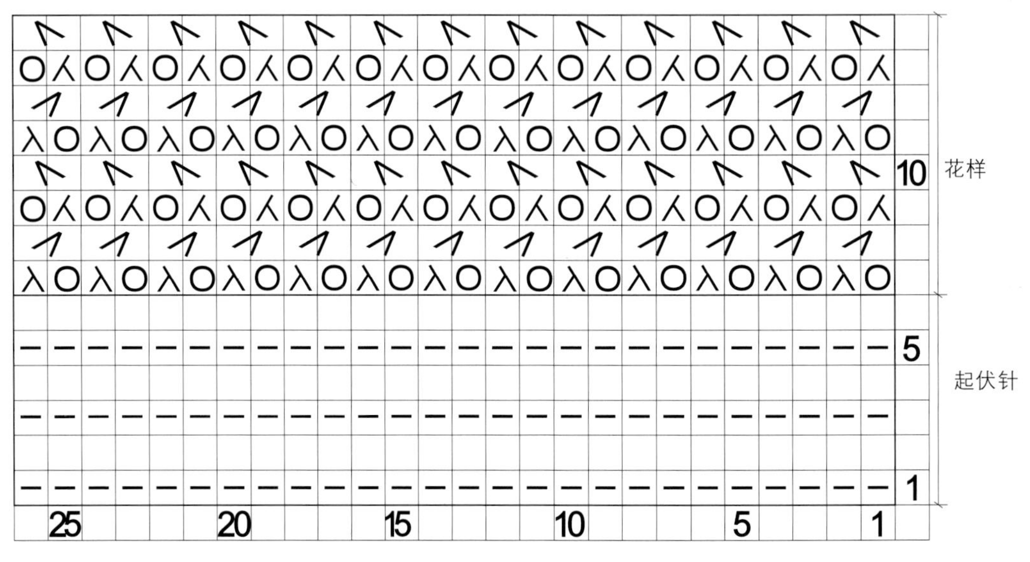

编织花样

作品43

【成品规格】衣长34cm，胸围68cm，连肩袖长37cm

【编织密度】26针×30行=10cm×10cm

【工　　具】11号棒针

【材　　料】毛线400g，纽扣1颗

【编织要点】

1.后片：起90针织起伏针，织50行开始织袖窿，腋下各平收4针，以2针为径在两侧减针，减25针后平收。

2.右前片：起45针，织法同后片，袖窿织完后平收。对称织左前片。

3.袖：从下往上织，起54针织起伏针，并在袖身两侧加针织60行后织袖山，腋下各减4针，继续往上织，减针方法同后片，最后16针平收。

4.领：缝合各片，将领口部位的针数全部挑起，织起伏针8行平收。另用毛线做一个扣襻，固定在领口上，缝上纽扣，完成。

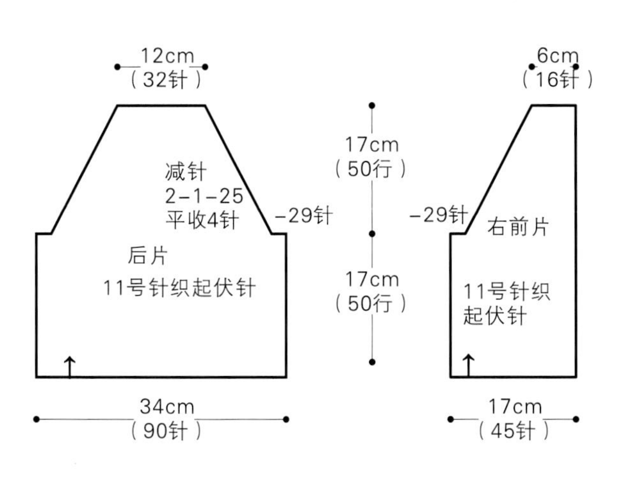

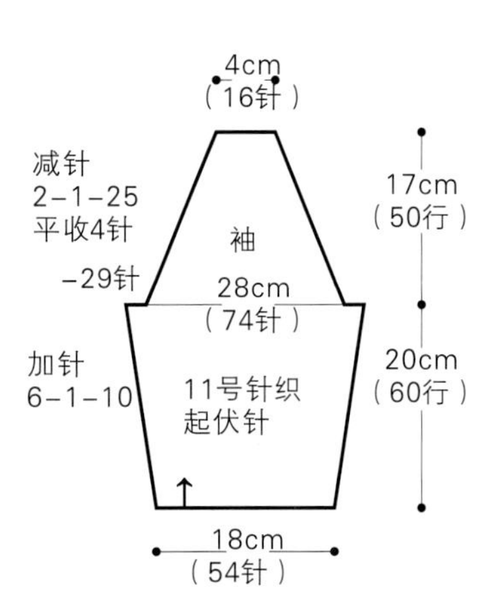

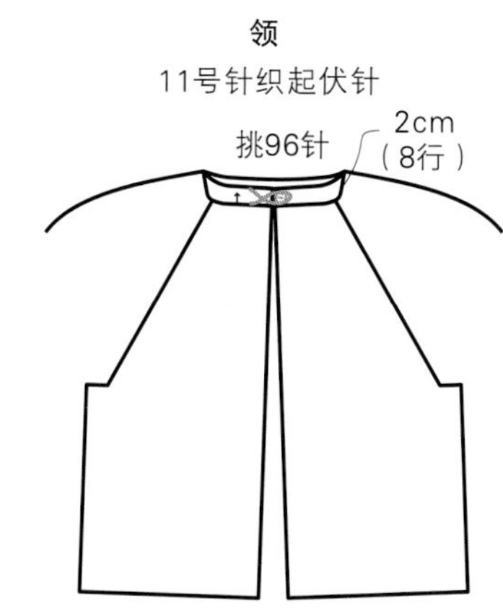

符号说明：

⅄ = 右上2针并1针

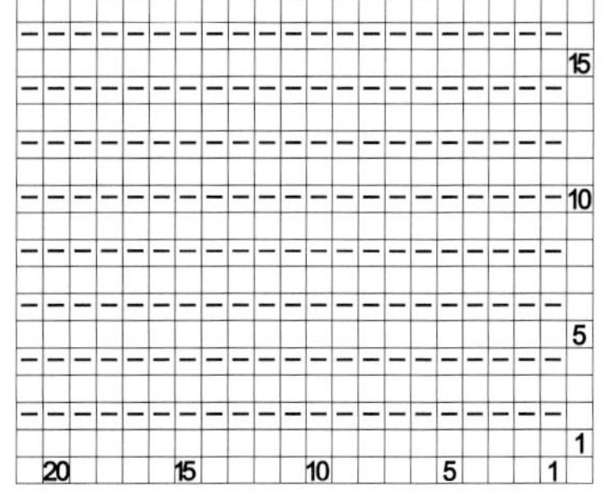

□=| 起伏针

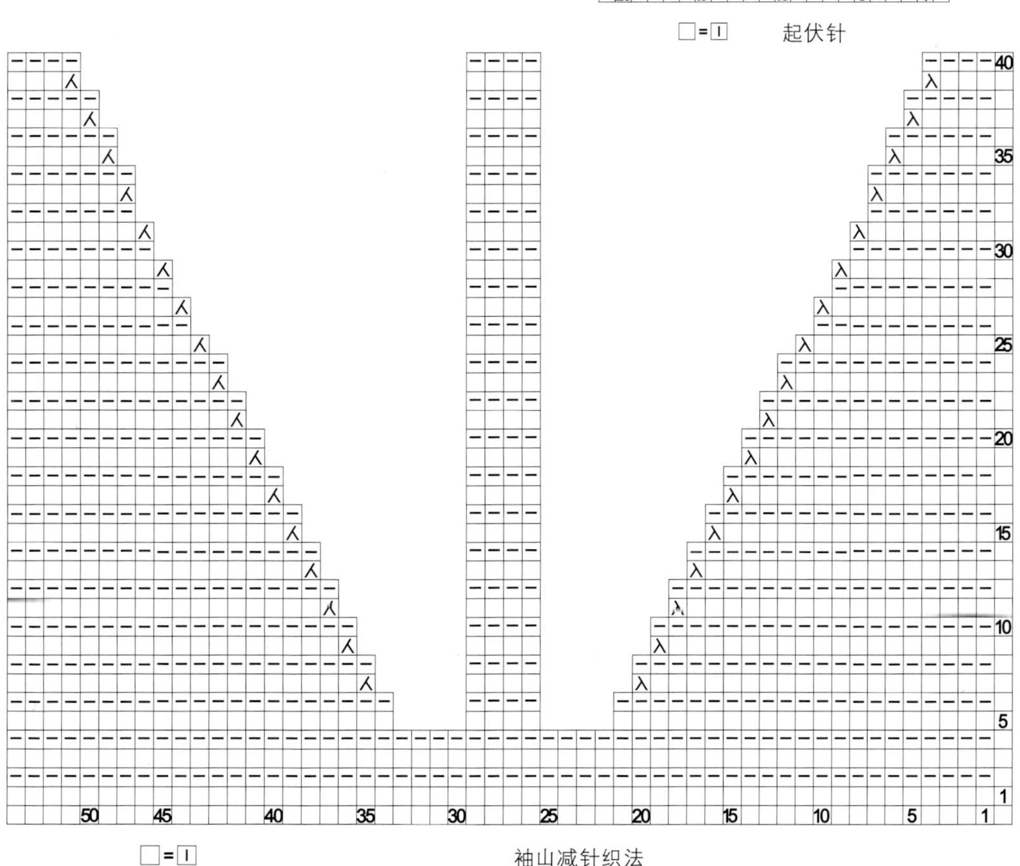

□=| 袖山减针织法

作品44

【成品规格】见图

【编织密度】19针×22行=10cm×10cm

【工　　具】5号棒针

【材　　料】粉色雪兰绒线350g

【编织要点】

1.从衣身往上织：起64针织边缘花样10行后，前片中心织花样，其余织平针，以前后中心26针织引退针形成圆摆。引退针完成后前后身片圈织起来织10行待用。

2.衣袖：起50针圈织边缘花样10行后，再织平针10行，停针待用。同样方法织好另一只袖子。

3.将衣袖和身片连起来织：各以边缘1针为径减针，每2行减1针织18次。前片织28行后开始织领窝，平收中心12针，再按图示减针。后片减至28针，袖各14针身片完成，开始织领。

4.沿领口将所有针挑齐，织平针6cm平收，完成。

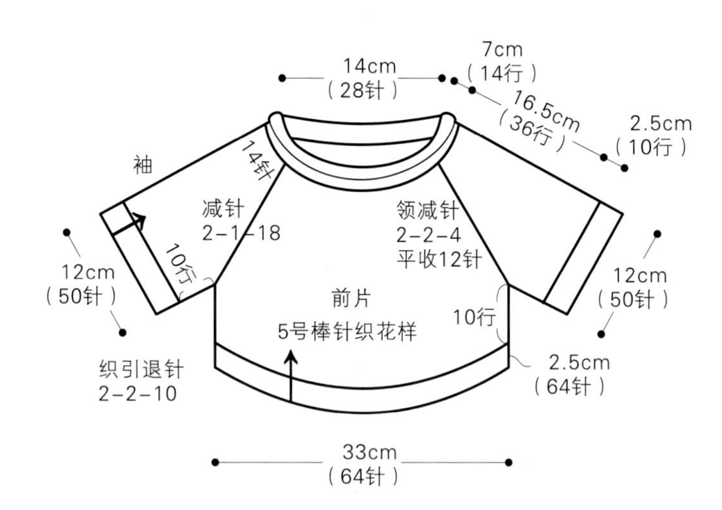

符号说明：

O = 加针

⅄ = 左上2针并1针

= 5针左上交叉

= 6针左上交叉

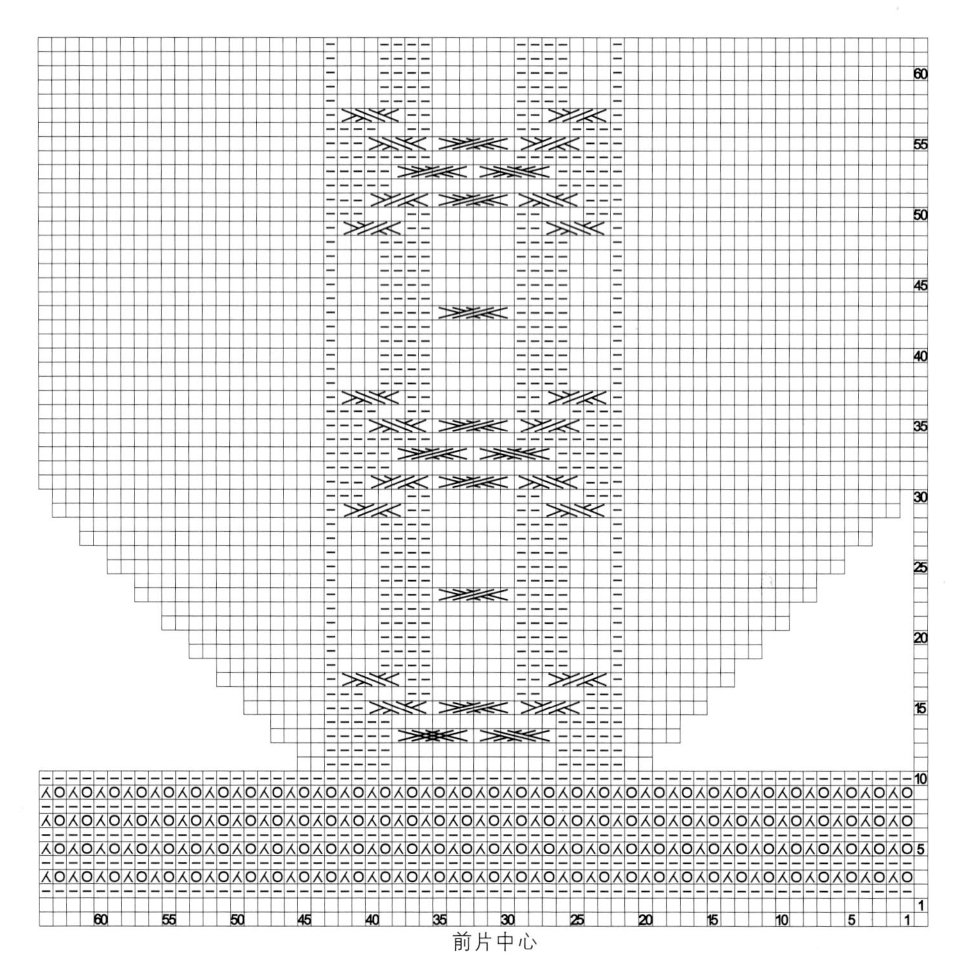

编织花样

作品45

【成品规格】衣长39cm，胸围60cm，连肩袖长39cm

【编织密度】17针×19行=10cm×10cm

【工　　具】11号棒针

【材　　料】驼色毛线350g

【编织要点】

1.后片：起62针直接往上织平针，两边8行减1针减1次，6行减1针减6次，开始织袖窿。腋下各平收2针，每2行减1针减11次，最后24针平收。

2.前片：起针同后片，排针织花样，一侧12针，另一侧28针，中间22针织花样，花样织30行时将上针并掉，纽针结束后全部织平针，两侧减针并袖窿部分同后片。

3.袖：从下往上织，起46针平织26行后分散减针减6针，再按4-1-3两侧各加3针织12行后织袖山，减针方法同后片，最后14针平收。

4.缝合并整理各片，缝上装饰小物，完成。

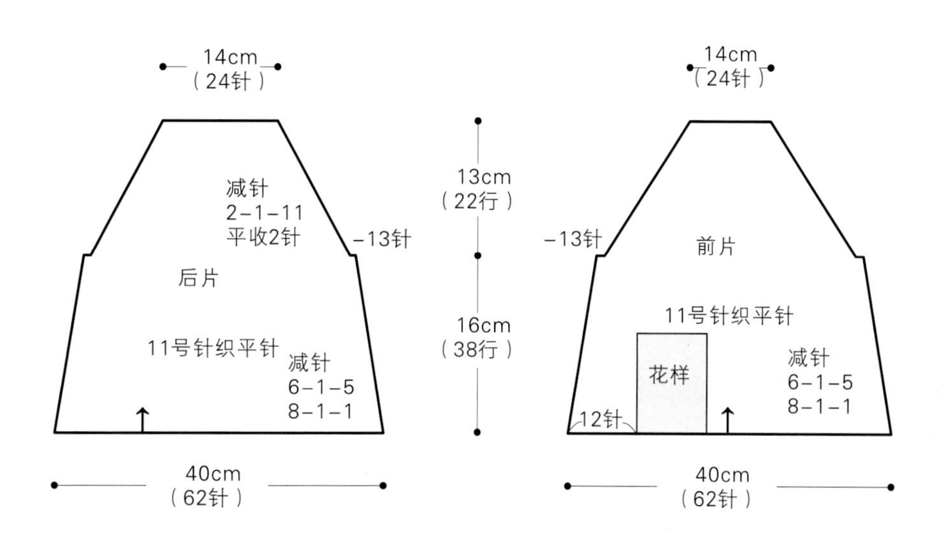

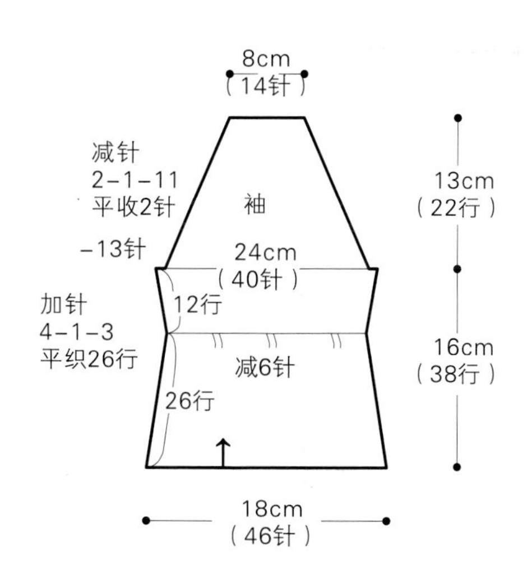

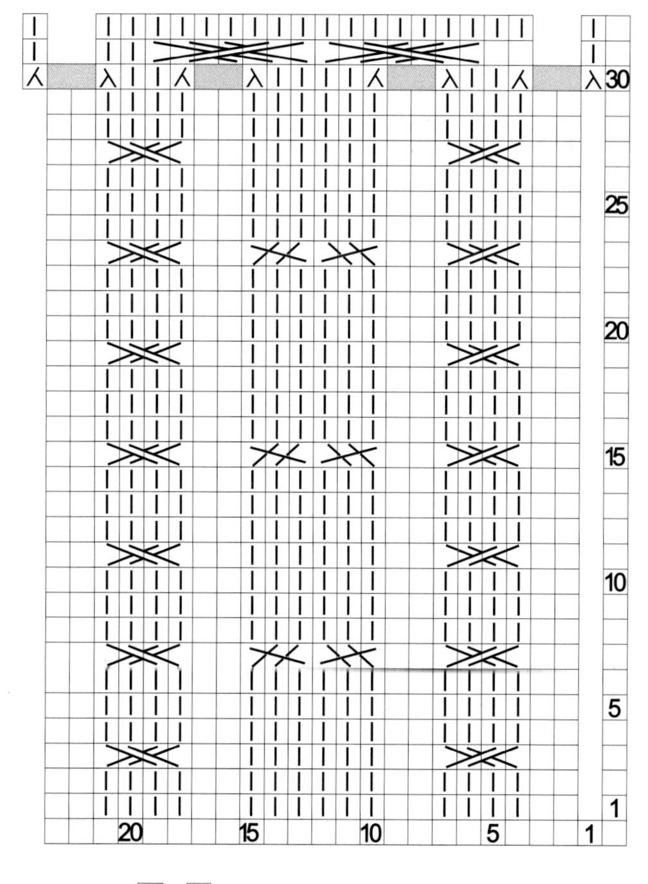

符号说明：

=3针左上交叉

=4针左上交叉

=4针左上交叉

□=⊟　　编织花样

作品46

【成品规格】衣长37cm，胸围68cm，袖长35cm

【编织密度】18针×22行=10cm×10cm

【工　　具】9号棒针

【材　　料】咖啡色毛线250g，玫红色100g，其他色少许

【编织要点】

1.后片：衣服主体织咖啡色，中间织彩条。咖啡色线起80针，按图示变换颜色，并在两侧减针。每4行减1针织52行后，上面平织12行玫红色后开始织袖窿。1行咖啡1行玫红重复织7次后，上面织咖啡色。腋下各平收3针，依次按图示减针。织26行后平收中心的18针，分左右在领边缘各减2针，肩平收。

2.前片：织法同后片，按图解织图样，开织袖窿后织16行后再织领窝，先平收中心的8针，分左右片织并在领口边缘减针，肩平收。

3.袖：起88针按图示在两边加针织出袖山，按图示分别织不同的颜色。袖身在两边减针织60行，最后9行织法同后片。

4.领：织米黄色。沿领窝挑58针，侧口两端再各绕出20针，织起伏针8行。打结。完成。

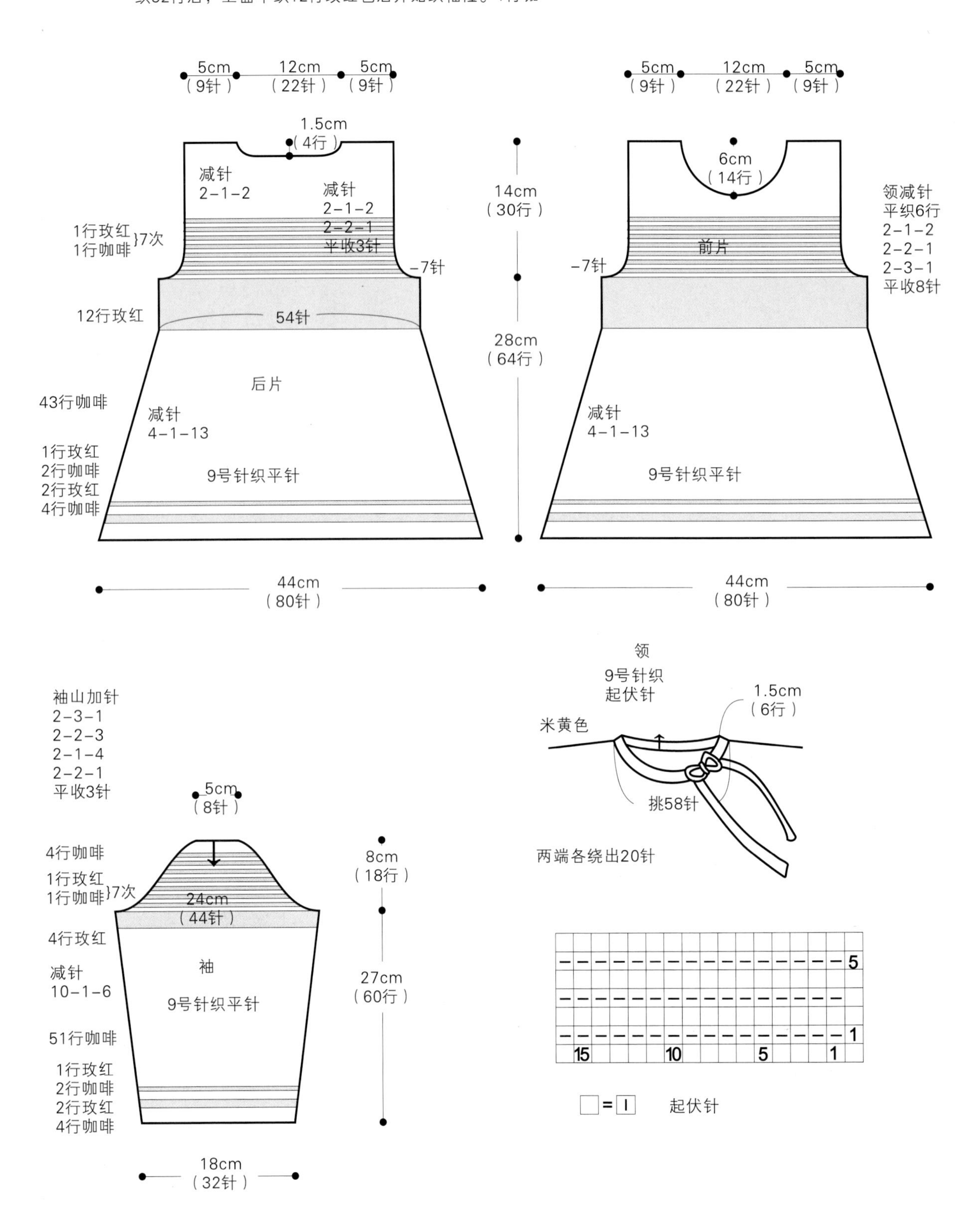